技工院校“十四五”规划室内设计专业系列教材
中等职业技术学校“十四五”规划艺术设计专业系列教材

室内设计平面图、效果图后期处理
（Photoshop）

阚俊莹 苏俊毅 梁露茜 范婕 主编
李儒慧 林颖 安怡 副主编

華中科技大學出版社
http://www.hustp.com
中国·武汉

内容提要

本书在软件版本选用和内容设置上满足现今室内设计专业岗位技能的需求，注重培养学生动手能力，示范步骤清晰，图文并茂，深入浅出。在软件版本选用方面，本书选用的 Photoshop CS6 是 Adobe Photoshop 的第 13 代产品，是一个较为重要的版本，该版本加强了 3D 图像编辑功能，采用新的暗色调用户界面，整合了 Adobe 云服务，改进了文件搜索等功能。在内容设置上，本书从室内设计平面图、效果图后期处理（Photoshop）概述，Photoshop 常用工具和命令的使用，室内设计平面图制作训练，室内设计效果图后期处理训练，设计方案后期排版训练五个方面对室内设计平面图、效果图后期处理的方法和技巧进行深入的分析与讲解，帮助学生提高使用 Photoshop 的能力。

图书在版编目（CIP）数据

室内设计平面图、效果图后期处理：Photoshop / 阚俊莹等主编 . — 武汉：华中科技大学出版社，2021.6

ISBN 978-7-5680-7249-6

Ⅰ . ①室… Ⅱ . ①阚… Ⅲ . ①室内装饰设计 - 计算机辅助设计 - 应用软件 Ⅳ . ① TU238.2-39

中国版本图书馆 CIP 数据核字 (2021) 第 114849 号

室内设计平面图、效果图后期处理（Photoshop）

Shinei Sheji Pingmiantu Xiaoguotu Houqi Chuli (Photoshop)　　阚俊莹　苏俊毅　梁露茜　范婕　主编

策划编辑：金　紫

责任编辑：卢　苇

装帧设计：金　金

责任监印：朱　玢

出版发行：华中科技大学出版社（中国 • 武汉）　　电　话：（027）81321913

武汉市东湖新技术开发区华工科技园　　邮　编：430223

录　排：天津清格印象文化传播有限公司

印　刷：湖北新华印务有限公司

开　本：889mm × 1194mm　1/16

印　张：9.5

字　数：290 千字

版　次：2021 年 6 月第 1 版第 1 次印刷

定　价：59.80 元

技工院校"十四五"规划室内设计专业系列教材
中等职业技术学校"十四五"规划艺术设计专业系列教材
编写委员会名单

总主编

文健，教授，高级工艺美术师，国家一级建筑装饰设计师。全国优秀教师，2008 年、2009 年和 2010 年连续三年获评广东省技术能手。2015 年被广东省人力资源和社会保障厅认定为首批广东省室内设计技能大师，2019 年被广东省教育厅认定为建筑装饰设计技能大师。中山大学客座教授，华南理工大学客座教授，广州大学建筑设计研究院室内设计研究中心客座教授。出版艺术设计类专业教材 120 种，拥有自主知识产权的专利技术 130 项。主持省级品牌专业建设、省级实训基地建设、省级教学团队建设 3 项。主持 100 余项室内设计项目的设计、预算和施工，内容涵盖高端住宅空间、办公空间、餐饮空间、酒店、娱乐会所、教育培训机构等，获得国家级和省级室内设计一等奖 5 项。

合作编写单位

（1）合作编写院校

广州市工贸技师学院

佛山市技师学院

广东省交通城建技师学院

广东省理工职业技术学校

台山敬修职业技术学校

广州市轻工技师学院

广东省华立技师学院

广东花城工商高级技工学校

广东省技师学院

广州城建技工学校

广东岭南现代技师学院

广东省国防科技技师学院

广东省岭南工商第一技师学院

广东省台山市技工学校

茂名市交通高级技工学校

阳江技师学院

河源技师学院

惠州市技师学院

广东省交通运输技师学院

梅州市技师学院

中山市技师学院

肇庆市技师学院

江门市新会技师学院

东莞市技师学院

江门市技师学院

清远市技师学院

山东技师学院

广东省电子信息高级技工学校

东莞实验技工学校

广东省粤东技师学院

珠海市技师学院

广东省工业高级技工学校

广东省工商高级技工学校

广东江南理工高级技工学校

广东羊城技工学校

广州市从化区高级技工学校

广州造船厂技工学校

海南省技师学院

贵州省电子信息技师学院

（2）合作编写组织

广东省集美设计工程有限公司

广东省集美设计工程有限公司山田组

广州大学建筑设计研究院

中国建筑第二工程局有限公司广州分公司

中铁一局集团有限公司广州分公司

广东华坤建设集团有限公司

广东翔顺集团有限公司

广东建安居集团有限公司

广东省美术设计装修工程有限公司

深圳市卓艺装饰设计工程有限公司

深圳市深装总装饰工程工业有限公司

深圳市名雕装饰股份有限公司

深圳市洪涛装饰股份有限公司

广州华浔品味装饰工程有限公司

广州浩弘装饰工程有限公司

广州大辰装饰工程有限公司

广州市铂域建筑设计有限公司

佛山市室内设计协会

佛山市拓维室内设计有限公司

佛山市星艺装饰设计有限公司

佛山市三星装饰设计工程有限公司

广州瀚华建筑设计有限公司

广东岸芷汀兰装饰工程有限公司

广州翰思建筑装饰有限公司

广州市玉尔轩室内设计有限公司

武汉半月景观设计公司

惊喜（广州）设计有限公司

序言

技工教育是中国职业技术教育的重要组成部分，主要承担培养高技能产业工人和技术工人的任务。随着“中国制造 2025”战略的逐步实施，建设一支高素质的技能人才队伍是实现规划目标的必备条件。如今，技工院校的办学水平和办学条件已经得到很大的改善，进一步提高技工院校的教育、教学水平，提升技工院校学生的职业技能和就业率，弘扬和培育工匠精神，打造技工教育的特色，已成为技工院校的共识。而技工院校高水平专业教材建设无疑是技工教育特色发展的重要抓手。

本套规划教材以国家职业标准为依据，以培养学生的综合职业能力为目标，以典型工作任务为载体，以学生为中心，根据典型工作任务和工作过程设计教材的项目和学习任务。同时，按照职业标准和学生自主学习的要求进行教材内容的设计，结合理论教学与实践教学，实现能力培养与工作岗位对接。

本套规划教材的特色在于，在编写体例上与技工院校倡导的“教学设计项目化、任务化，课程设计教、学、做一体化，工作任务典型化，知识和技能要求具体化”紧密结合，体现任务引领实践的课程设计思想，以典型工作任务和职业活动为主线设计教材结构，以职业能力培养为核心，将理论教学与技能操作相融合作为课程设计的抓手。本套规划教材在理论讲解环节做到简洁实用，深入浅出；在实践操作训练环节体现以学生为主体的特点，创设工作情境，强化教学互动，让实训的方式、方法和步骤清晰明确，可操作性强，并能激发学生的学习兴趣，促进学生主动学习。

为了打造一流品质，本套规划教材组织了全国 40 余所技工院校共 100 余名一线骨干教师和室内设计企业的设计师（工程师）参与编写。校企双方的编写团队紧密合作，取长补短，建言献策，让本套规划教材更加贴近专业岗位的技能需求和技工教育的教学实际，也让本套规划教材的质量得到了充分保证。衷心希望本套规划教材能够为我国技工教育的改革与发展贡献力量。

技工院校“十四五”规划室内设计专业系列教材
中等职业技术学校“十四五”规划艺术设计专业系列教材　总主编

教授 / 高级技师　文健

2020 年 6 月

前言

Photoshop 是美国 Adobe 公司旗下专门用于图像处理的一款软件，其广泛应用于图像、图形、文字的后期处理领域，是室内设计专业从业人员必须掌握的软件之一。Photoshop 不仅处理速度快，便于修改、输出和保存；而且可以结合艺术手法，对室内设计平面图和效果图进行后期处理与优化，更好地将室内设计师的创意表现出来。

“室内设计平面图、效果图后期处理（Photoshop）”是室内设计专业的一门必修课程，这门课程对室内设计专业的学生及相关从业人员提高 Photoshop 操作能力有着至关重要的作用。本书在编写时紧密结合室内设计专业岗位技能的需求，根据职业教育的特点，重视示范步骤；引用和示范的案例均为商业作品，实战性强。本书以职业能力培养为核心，将理论教学与实践操作融会贯通。在理论教学方面简洁实用，深入浅出；在实践操作方面，以学生为主体，创造工作情境，强化教学互动，适合技工院校和中等职业技术学校学生使用。

本书在编写过程中获得了广东省交通城建技师学院、佛山市技师学院、广州市纺织服装职业学校、山东技师学院，以及其他兄弟院校师生的大力支持和帮助，在此表示衷心的感谢。由于编者的学术水平有限，本书难免存在一些不足之处，敬请各位读者批评指正。

阚俊莹
2021 年 3 月

课时安排（建议课时 68）

项目	课程内容	课时	
项目一 室内设计平面图、效果图后期处理（Photoshop）概述	学习任务一　Photoshop 的应用领域	1	4
	学习任务二　Photoshop 在室内设计中的应用范围	1	
	学习任务三　Photoshop 的工作界面及基本操作方法	2	
项目二 Photoshop 常用工具和命令的使用	学习任务一　图层的使用	2	22
	学习任务二　选区、蒙版、路径的使用	4	
	学习任务三　绘画及图像修饰工具的使用	4	
	学习任务四　图像色彩调整	4	
	学习任务五　文字的编辑	4	
	学习任务六　滤镜的使用	4	
项目三 室内设计平面图制作训练	学习任务一　AutoCAD 输出图纸训练	2	10
	学习任务二　经典的黑白灰风格平面图制作训练	4	
	学习任务三　居住空间（别墅）彩色平面图制作训练	4	
项目四 室内设计效果图后期处理训练	学习任务一　居住空间（客厅）效果图后期处理训练	6	24
	学习任务二　商业空间（KTV）效果图后期处理训练	6	
	学习任务三　商业空间（专卖店）效果图后期处理训练	6	
	学习任务四　商业空间（酒店）效果图后期处理训练	6	
项目五 设计方案后期排版训练	学习任务一　方案图册制作训练	4	8
	学习任务二　楼盘商业海报设计训练	4	

目录

项目一 室内设计平面图、效果图后期处理（Photoshop）概述

项目二 Photoshop 常用工具和命令的使用

项目三 室内设计平面图制作训练

项目四 室内设计效果图后期处理训练

项目五 设计方案后期排版训练

项目一

室内设计平面图、效果图后期处理（Photoshop）概述

学习任务一　Photoshop 的应用领域

学习任务二　Photoshop 在室内设计中的应用范围

学习任务三　Photoshop 的工作界面及基本操作方法

Photoshop 的应用领域

教学目标

（1）专业能力：认识 Photoshop 的应用领域。

（2）社会能力：关注日常生活中经过 Photoshop 处理的图片，收集 Photoshop 应用于平面设计、室内设计和建筑设计的案例，能够运用所学知识分析运用 Photoshop 进行处理的实际案例，并能口头表述其设计要点。

（3）方法能力：网络搜索能力，信息筛选能力，设计案例分析、提炼及表达能力。

学习目标

（1）知识目标：了解 Photoshop 的应用领域。

（2）技能目标：能够从实际的案例中提炼出运用 Photoshop 进行处理的内容，并掌握 Photoshop 的基本功能。

（3）素质目标：具备团队协作能力和一定的语言表达能力，培养综合职业能力。

教学建议

1. 教师活动

（1）教师通过展示前期收集的各类设计中运用 Photoshop 进行处理的案例，提高学生对 Photoshop 应用领域的直观认识。同时，运用多媒体课件、教学视频等多种教学手段，讲授 Photoshop 应用的学习要点，指导学生分辨各类 Photoshop 的应用领域。

（2）教师通过案例展示，让学生感受 Photoshop 在日常生活和各类设计中的应用，为今后的室内设计图片处理打好基础。

2. 学生活动

（1）分组并选出组内优秀的学生作业进行展示和讲解，提高语言表达能力和沟通协调能力。

（2）自主学习，自我管理，学以致用。

一、学习问题导入

各位同学，大家好！在学习 Photoshop 之前，很多同学虽然知道它是一个专门用于处理图片的软件，但对这个软件的认识仅在图片裁剪和人物美化等作用上。其实 Photoshop 的应用领域很多，本次课介绍 Photoshop 的几大应用领域。

同学们观察以下两张图片，图 1-1 是一张创意建筑图，该建筑的外观像水果，大家是不是觉得它可以为我们带来设计灵感呢？图 1-2 是一座古堡建筑，似乎建立在大海龟的龟壳上，美丽的霞光映射着云彩，这个设计是不是令你想起很多美丽动人的故事呢？这两张图片有一个共同的特点——都是经过 Photoshop 处理的。

图 1-1 创意建筑

图 1-2 古堡建筑

二、学习任务讲解

1. 平面设计

平面设计是 Photoshop 应用最广泛的领域，例如方案图册、房地产楼书、商业海报等平面印刷品的制作，经常要用 Photoshop 进行图像处理，如图 1-3 ~图 1-5 所示。

图 1-3 房地产宣传海报

图 1-4 美食海报

图 1-5 家具海报

2. 绘画

Photoshop 在绘画领域的应用如图 1-6 ~图 1-9 所示。因为 Photoshop 具有出色的绘画和调色功能，所以许多插画设计师喜欢先用铅笔绘制草稿，再用 Photoshop 细化及上色。近年来比较流行的像素画，很多都是通过 Photoshop 创作出来的。

图 1-6 动漫角色设计稿

图 1-7 插画（线稿与上色稿）

图 1-8 像素画

图 1-9 水墨画

3. 创意合成

使用 Photoshop 可以将原本不相关的图像组合，形成全新的画面，完成图像的创意表达，如图 1-10 ~图 1-13 所示。

图 1-10 创意广告

图 1-11 超大鱼缸创意造型

图 1-12 创意居住环境

图 1-13 超人在街头

4. 图像处理

Photoshop 具有强大的图像修饰、合成、编辑以及调色功能，可以用于快速修复图片及调色。如图 1-14 所示，太阳光线的调节为幽暗的森林增添了光彩，同时明暗色彩的调整使得画面更加立体。图 1-15 提亮了桥的颜色，使桥更加艳丽，突出了视觉中心。对比图 1-16 和图 1-17 会发现，图 1-17 更加明亮、鲜艳，这就是用 Photoshop 处理后的效果。

图 1-14 森林

图 1-15 红色的桥

图 1-16 树木图片调色前

图 1-17 树木图片调色后

5. 艺术文字

当我们应用其他软件绘图时，如果觉得自带字体的艺术效果不理想，可以利用 Photoshop 让文字发生各种各样的变化，例如样式或者颜色的调整，从而制作出有设计感的文字。

如图 1-18 的文字就像一匹奔腾的骏马，形神兼备，活灵活现，用马的形象表现“马”字，正符合中国象形文字的特点。图 1-19 的“生日快乐”艺术文字传达了欢快的气氛。图 1-20 用小狗代替“犬”字的一个笔画，使这组文字更加鲜活。

图 1-18 “马到成功”艺术文字

图 1-19 “生日快乐”艺术文字

图 1-20 “金犬贺岁”艺术文字

6.UI 界面设计

UI 界面设计是一个新兴的行业，目前已经受到众多软件企业和开发者的重视。在 UI 界面设计行业，绝大多数设计师都喜欢使用 Photoshop 进行编辑和设计，如图 1-21 ~图 1-23 所示。

图 1-21 游戏界面设计

图 1-22 移动设备界面设计

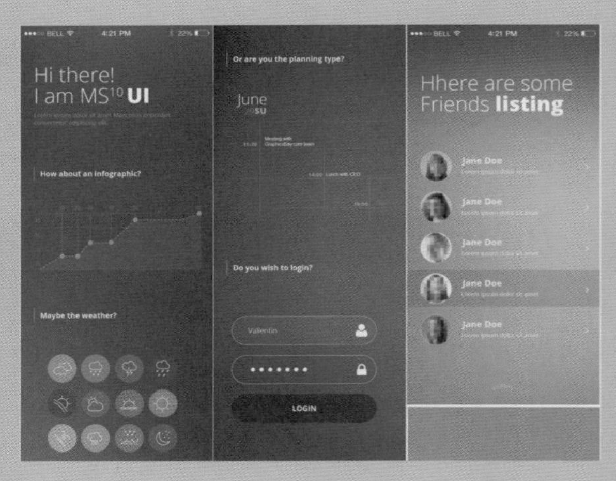

图 1-23 多界面设计

三、学习任务小结

通过本次课的学习，同学们已经初步了解了 Photoshop 应用领域的广泛性；通过对案例的赏析，加强了对 Photoshop 的深层认识。Photoshop 还可以应用在图标设计、标志设计、网页设计等方面。下次课会邀请 5 位同学展示自己收集的在这几个方面应用了 Photoshop 的案例。在这里，老师先展示一些经过 Photoshop 处理的图片，如图 1-24 ~图 1-27 所示。

图 1-24 日常生活图

图 1-25 平面设计

图 1-26 图标设计

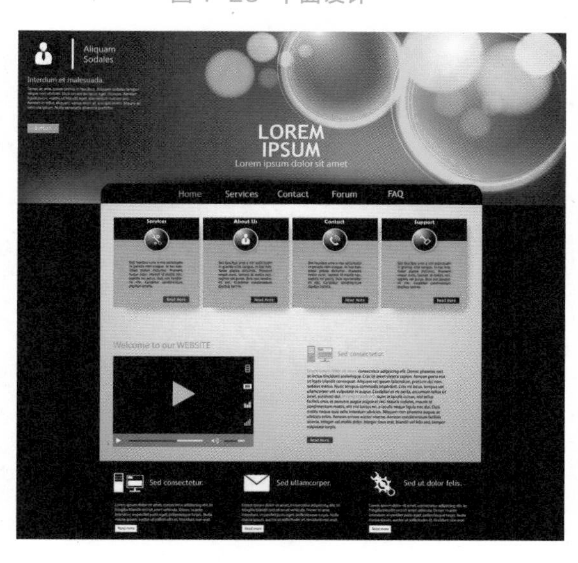

图 1-27 网站设计

四、课后作业

（1）收集 5 张经过 Photoshop 处理的图片。

（2）以 5 人为一组，合作制作 PPT，介绍收集的图片，时间控制在 3 min 以内。

Photoshop 在室内设计中的应用范围

教学目标

（1）专业能力：认识 Photoshop 在室内设计中的应用范围，理解室内设计效果图后期处理的基本方法。

（2）社会能力：收集经过 Photoshop 处理的室内设计和建筑设计图片案例，能够运用所学知识分析案例，并能口头表述其设计要点。

（3）方法能力：资料收集能力，信息筛选能力，设计案例分析、提炼及表达能力。

学习目标

（1）知识目标：了解使用 Photoshop 进行室内设计效果图后期处理的基本方法。

（2）技能目标：能够应用 Photoshop 处理室内设计效果图。

（3）素质目标：具备团队协作能力和一定的语言表达能力，培养综合职业能力。

教学建议

1. 教师活动

（1）教师通过展示前期收集的室内设计效果图案例中运用 Photoshop 处理的内容，让学生对室内设计效果图后期处理有一个直观认识。同时，运用多媒体课件、教学视频等多种教学手段，讲授 Photoshop 应用的学习要点。

（2）教师通过对室内设计效果图案例的展示，让学生了解使用 Photoshop 进行效果图后期处理的方法和技巧。

2. 学生活动

（1）分组并选出组内优秀的学生作业进行展示和讲解，提高语言表达能力和沟通协调能力。

（2）自主学习，自我管理，学以致用。

一、学习问题导入

各位同学，大家好！在上次课中，大家已经了解到 Photoshop 是一款专门用于图像处理的软件，其应用范围非常广泛。Photoshop 在室内设计中的应用范围包括室内设计效果图表现，室内设计彩色平面图制作，室内设计效果图后期处理，建筑外观效果图后期处理，小区规划图后期处理，以及楼书、图册和宣传册的制作等。同学们认真观察图 1-28，这是一张室内设计效果图，同学们可以发现其中经过 Photoshop 处理的地方吗？

图 1-28 室内设计效果图

二、学习任务讲解

1. 室内设计效果图表现

（1）透视表现。

透视关系是室内设计效果图的基本关系，室内设计效果图中各对象的大小、方向、比例和位置都应遵循透视规律。如图 1-29 所示的室内设计手绘效果图，运用 Photoshop，按照“近大远小”的透视规律，将室内空间的立体感生动地表现了出来。

图 1-29 室内设计手绘效果图

（2）裁剪构图。

裁剪是 Photoshop 的一项功能。如图 1-30 与图 1-31 所示，图 1-30 是裁剪前的画面，构图分散，视觉中心不突出；图 1-31 是裁剪后的画面，构图非常饱满，主次更加分明。

图 1-30 裁剪前的室内设计效果图

图 1-31 裁剪后的室内设计效果图

2. 室内设计彩色平面图制作

由 CAD 绘制的平面图是二维的，为使其更加美观，可以运用 Photoshop 给平面图着色和贴材质，让其具有一定的立体感，如图 1-32 和图 1-33 所示。

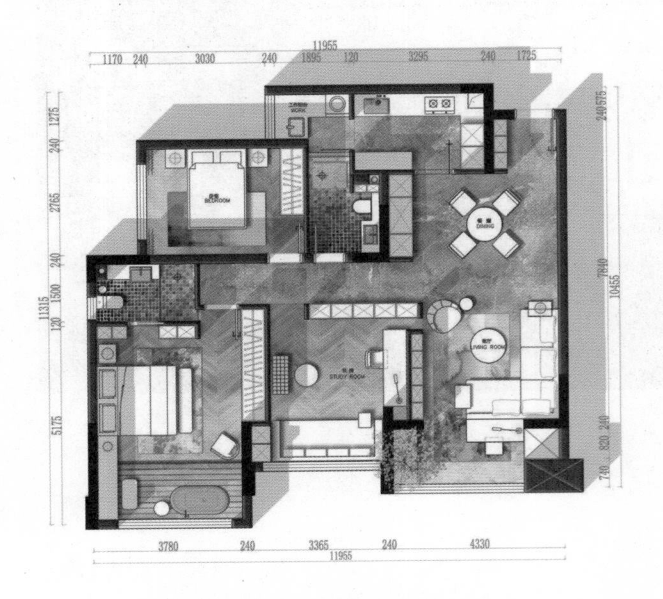

图 1-32 彩色平面图一

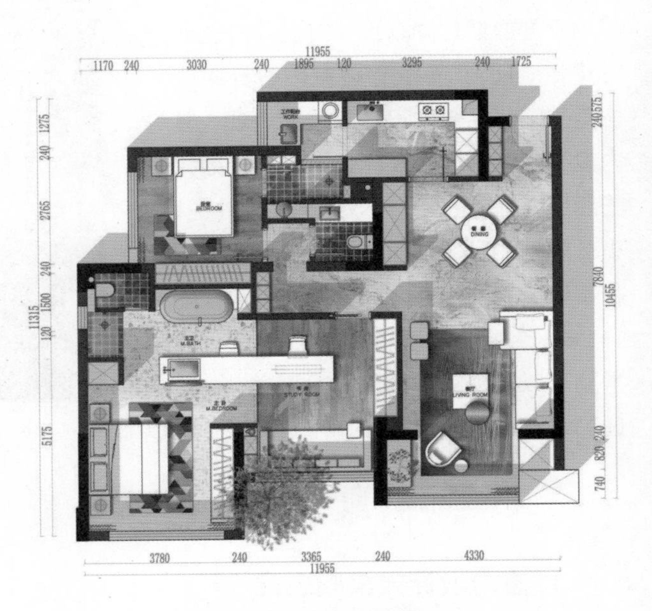

图 1-33 彩色平面图二

3. 室内设计效果图后期处理

运用三维软件渲染的室内设计效果图，通常存在以下问题。

（1）画面的构图不合理，主体不突出。

（2）画面中的光环境不合理，存在过亮或者过暗情况。

（3）画面颜色对比弱，显得过于平淡。

（4）画面整体的色彩不协调，无法表现空间氛围。

（5）画面中的物体有瑕疵，造成图像缺陷。

对于画面色彩的后期处理，Photoshop 可以通过调节色彩，使画面呈现不同的效果。如图 1-34 和图 1-35 所示，使用 Photoshop 调节色彩，可以形成冷色调或暖色调的画面效果。

图 1-34 冷色调的室内空间

图 1-35 暖色调的室内空间

图 1-36 素描效果的室内空间

Photoshop 还具有特殊表现功能，例如使画面呈现素描效果，如图 1-36 所示。

运用 Photoshop 可以调节室内光环境，使画面更加明亮，色彩饱和度更高，如图1-37和图1-38所示。

运用Photoshop工具箱中的【裁剪工具】和【透视裁剪工具】，可以裁剪掉画面中多余的部分，使画面构图变得更加平衡、稳定，如图1-39和图1-40所示。

图 1-37 调节前的室内光环境

图 1-38 调节后的室内光环境

图 1-39 对称平衡的画面构图

图 1-40 视觉中心突出的画面构图

4. 建筑外观效果图后期处理

运用三维软件渲染出建筑外观效果图后，可以用 Photoshop 对其进行后期处理，例如添加池塘、树木、花草和人物等，使其更有生活气息，真实感更强，如图1-41～图1-44 所示。

图 1-41 处理前的建筑外观效果图

图 1-42 添加的植物素材图

图 1-43 添加的人物素材图

图 1-44 处理后的建筑外观效果图

5. 楼书、图册和宣传册制作

运用 Photoshop 可以制作精美的楼书、图册和宣传册，使室内设计和建筑设计方案更具展示效果，如图 1-45 所示。

图 1-45 设计方案图册封面

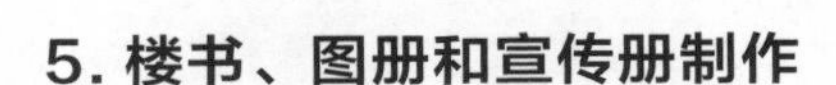

三、学习任务小结

通过本次课的学习，同学们初步了解了 Photoshop 在室内设计中的应用范围，包括调整画面构图、色彩和色调，修饰缺陷，增添配景等。课后，同学们要对 Photoshop 进行深入的了解，逐步掌握其使用方法，为今后的图像处理工作打下扎实的基础。

四、课后作业

运用 Photoshop 处理 1 张室内设计效果图，让其色彩饱和度更高，光线更加明亮，配景更加丰富。

Photoshop 的工作界面及基本操作方法

教学目标

（1）专业能力：掌握启动与退出 Photoshop 的方法，熟悉 Photoshop 的工作界面。

（2）社会能力：具备自主学习和举一反三的能力。

（3）方法能力：软件应用能力，语言表达能力。

学习目标

（1）知识目标：熟悉 Photoshop 的工作界面。

（2）技能目标：掌握 Photoshop 的操作方法。

（3）素质目标：能够举一反三，具备团队协作能力。

教学建议

1. 教师活动

（1）教师讲解和演示 Photoshop 的工作界面和操作方法，并指导学生进行 Photoshop 操作实训。

（2）教师通过辅导学生实训，帮助学生熟悉 Photoshop 的工作界面和操作方法。

2. 学生活动

（1）认真听教师讲解，仔细观看教师示范，积极进行练习。

（2）根据要求进行 Photoshop 的操作练习。

一、学习问题导入

各位同学，大家好！俗话说“工欲善其事，必先利其器”。在运用 Photoshop 对图像进行处理前，要熟悉其基本性能。本次课将介绍图像的基本概念，Photoshop 工作界面、参数设置及基本操作方法。

二、学习任务讲解

1. 图像的基本概念

图像由像素构成，分为位图和矢量图。

（1）像素。

像素是构成图像的最小单位，每个像素都有颜色值。单位面积内的像素越多，分辨率越高，图像的呈现效果就越好。

（2）位图。

位图又称为点阵图像或光栅图像。当放大位图时，可以看见构成整个图像的无数个像素。扩大位图尺寸的效果是增大单个像素，从而使线条和形状显得参差不齐；然而，如果从稍远的位置观看，位图的线条和形状又是连续的。数码相机拍摄的照片、扫描仪扫描的图片以及计算机截屏图等都属于位图。位图的优点是可以表现色彩的细微过渡，产生逼真的效果，如图 1-46 所示；缺点是保存时会记录每一个像素的位置和颜色值，占用的存储空间较大。

图 1-46　用数码相机和扫描仪获得的位图

（3）矢量图。

矢量图又称为面向对象的图像或绘图图像，在数学上被定义为一系列由线连接的点。矢量图中的基本元素称为对象。每个对象都是一个独立的实体，具有颜色、形状、轮廓、大小和屏幕位置等属性。矢量图只能由软件生成，占用的存储空间较小。矢量图包含独立的分离图像，其特点是放大后不会失真，呈现效果与分辨率无关，适用于图形设计、文字设计、标志设计、版式设计，如图 1-47 所示。

图 1-47　标志矢量图

2.Photoshop 工作界面

（1）启动 Photoshop。

安装 Photoshop CS6 后，双击桌面上如图 1-48 所示的 Photoshop CS6 的快捷方式图标即可启动程序。

图 1-48 Photoshop CS6 的快捷方式图标

（2）认识 Photoshop 工作界面。

打开一张图片，进入 Photoshop 的工作界面，可以看到工具箱、工具属性栏、工作区、调整面板、状态栏等，如图 1-49 所示。

图 1-49 Photoshop 工作界面

① 工具箱。

Photoshop 的工具箱中包含 70 多种工具，分为选区制作工具、修饰工具、绘画工具、颜色设置工具与显示控制工具等。

② 工具属性栏。

用户点击工具箱中的某个工具之后，菜单栏的下方工具属性栏中就会出现这个工具的属性和参数，用户可以对其进行设置。选择的工具不同时，工具属性栏所显示的内容也不同。工具属性栏的最右边是【基本功能】按钮，点击这个按钮可以在弹出的下拉菜单中选择预设工作界面。

③ 工作区。

工作区是用来显示和编辑要操作的图像的区域。一般情况下，Photoshop 使用选项卡方式来组织打开或者新建的图像。每一个图像都有一个标签，标签上有图像名称、色彩模式、显示比例和通道等信息。当用户同时打开多个图像时，可以通过点击工作区的图像标签，进行各图像之间的切换，当前图像的标签为灰白色。

④ 调整面板。

调整面板一般位于工作区的右侧。Photoshop 中有很多调整面板，可以用来选择颜色，观察信息，管理图层、通道、路径和历史记录等。

⑤ 状态栏。

状态栏位于工作区的下方，由两部分组成，分别为当前的图像显示比例和文件大小。用户可以在显示比例的编辑框中直接修改数值，达到改变图像显示比例的目的。

3.Photoshop 参数设置及基本操作方法

（1）新建文件。

启动 Photoshop 后，点击菜单栏【文件】-【新建】，或者按快捷键“Ctrl+N”打开【新建】对话框，如图 1-50 所示，可以设置新建文件的名称、宽度、高度、分辨率、颜色模式和背景内容等各种参数。

新建
名称(N): 未标题-2
预设(P): 国际标准纸张
大小(I): A4
宽度(W): 210 毫米
高度(H): 297 毫米
分辨率(R): 300 像素/...
颜色模式(M): RGB 颜色 8 位
背景内容(C): 白色
高级
颜色配置文件(O): 工作中的 RGB: sRGB IEC6...
像素长宽比(X): 方形像素
确定
复位
存储预设(S)...
删除预设(D)...
图像大小:
24.9M

图 1-50 【新建】对话框

① 分辨率设置。

图像分辨率和纸张大小会影响出图速度和图像精度，常见的三种不同尺寸的纸张——A4 复印纸、A3 复印纸、户外广告用纸对应的分辨率应分别设置为 300 dpi、150 dpi、72 dpi。纸张尺寸越小，分辨率要设置得越大；纸张尺寸较大时，分辨率可以设置较小的参数。

② 颜色模式设置。

因为 CMYK 颜色模式下的图像占用的存储空间较大，会导致很多 Photoshop 自带的滤镜不能使用。所以，在用 Photoshop 处理图像时，一般不采用 CMYK 颜色模式，而是选择 RGB 颜色模式。如果 RGB 颜色模式下的图像需要打印或印刷，可以转换成 CMYK 颜色模式后进行输出。RGB 与 CMYK 颜色模式的对比如图 1-51 所示，RGB 颜色模式的颜色纯度比 CMYK 颜色模式的高。

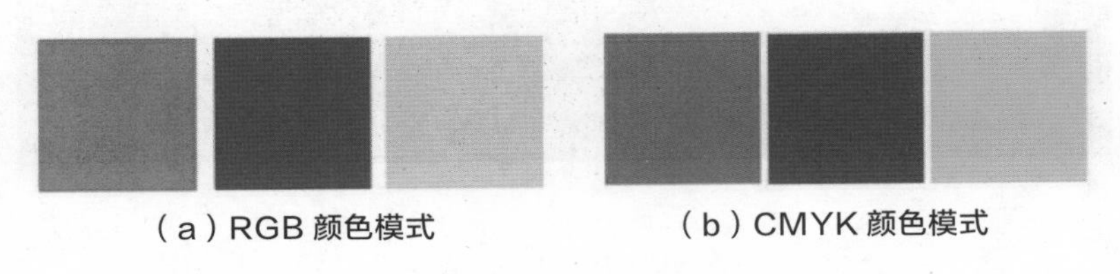

（a）RGB 颜色模式　　（b）CMYK 颜色模式

图 1-51 RGB 颜色模式与 CMYK 颜色模式的对比

（2）打开文件。

打开文件有三种方法。

方法一：启动 Photoshop 后，点击菜单栏【文件】-【打开】。

方法二：按快捷键“Ctrl+O”打开【打开】对话框。

方法三：启动 Photoshop 后，选中要打开文件的图标，按住鼠标左键不松开，将其拖至 Photoshop 中，如图 1-52 所示。

图 1-52 打开文件的方法三

（3）保存文件。

保存文件的方法为：按快捷键“Ctrl+S”或者点击菜单栏【文件】-【存储为】，选择文件的保存位置，在【文件名】编辑框中输入文件名，在【格式】的下拉菜单中选择文件的保存格式（如图 1-53 所示），最后点击【保存】。

图像文件格式是指图像文件存储在计算机中的格式，每种图像文件格式都有其特点和用途。几种常用的图像文件格式见表 1-1。

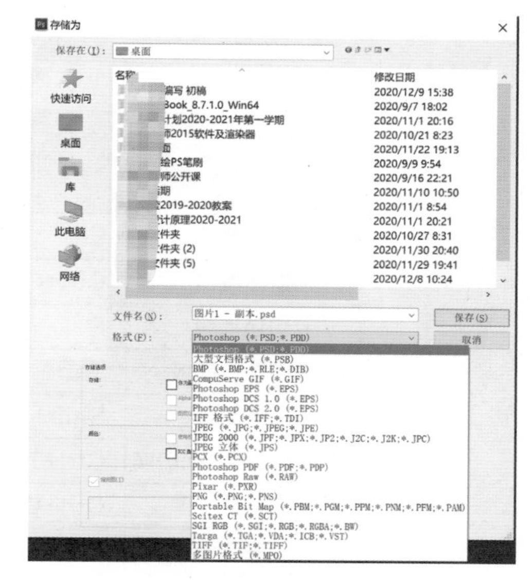

图 1-53 存储文件格式

表 1-1 常用的图像文件格式

图像文件格式	特点和用途
PSD 格式（*.psd）	Photoshop 专用的图像文件格式，保存了图层、通道等信息。优点是保存的信息较多，便于修改；缺点是占用的存储空间较大
TIFF 格式（*.tif）	一种应用广泛的图像文件格式，大部分的扫描仪和图像处理软件都支持这种格式。它采用无损压缩方式来存储图像，支持多种颜色模式和透明背景，保存了图层与通道信息
JPEG 格式（*.jpg）	一种压缩率很高的图像文件格式。但是，因为它采用的是具有破坏性的压缩算法，所以，JPEG 格式图像文件在显示时，不能还原全部信息。它仅适用于保存不包含文字或者文字尺寸较大的图像文件，支持 RGB、CMYK、灰度等多种颜色模式
GIF 格式（*.gif）	GIF 格式图像文件最多可以包含 256 种颜色，颜色模式是索引颜色模式，虽然文件尺寸小，但支持透明背景和多帧，特别适合制作网页图像和网页动画
BMP 格式（*.bmp）	Windows 操作系统中“画图”程序的标准文件格式，与很多 Windows 平台应用程序兼容。它采用的是无损压缩方式，优点是图像不会失真，缺点是占用的存储空间较大

（4）关闭文件。

常用的关闭文件方法有两种。

方法一：点击图像标签右侧的 ☒ 按钮。

方法二：按快捷键“Ctrl+W”。

（5）常用快捷键。

快捷键能大大提高效率，Photoshop 常用快捷键见表 1-2。

表 1-2 Photoshop 常用快捷键

命令	快捷键	命令	快捷键
取消当前命令	Esc	剪切	Ctrl+X
退出程序	Ctrl+Q	拷贝	Ctrl+C
切换视图	F	粘贴	Ctrl+V
隐藏全部面板	Tab	新建通过拷贝的图层	Ctrl+J
隐藏面板	Shift+Tab	全选	Ctrl+A
在多个文件之间切换	Ctrl+Tab	反向选择	Ctrl+Shift+I
打开	Ctrl+O	取消选择	Ctrl+D
关闭	Ctrl+W	移动选择区	方向键
存储	Ctrl+S	将图层转换为选择区	Ctrl+ 单击工作图层
存储为	Ctrl+Shift+S	移动复制	Alt+ 移动工具状态下拖动鼠标
还原 / 重做	Ctrl+Z	填充为前景色	Alt+Delete
后退一步	Ctrl+Alt+Z	填充为背景色	Ctrl+Delete
盖印所有可见图层	Ctrl+Shift+Alt+E	调整色阶	Ctrl+L
自由变换	Ctrl+T	调整色彩平衡	Ctrl+B
再次变换	Ctrl+Shift+T	调整曲线	Ctrl+M
调整画笔大小	中括号 []	调整色相 / 饱和度	Ctrl+U
放大	Ctrl++	上次滤镜操作	Ctrl+F
缩小	Ctrl+-	合并可见图层	Ctrl+Shift+E
标尺	Ctrl+R	合并图层	Ctrl+E

三、学习任务小结

通过本次课的学习，同学们已经了解了使用 Photoshop 处理图像时，首先要打开或新建图像文件，然后才能进行图像编辑操作，最后要保存和关闭图像文件；还认识了常用的图像文件格式以及其特点和用途。课后，同学们要反复练习，掌握最便捷的操作方法，做到熟能生巧。

四、课后作业

收集 1 张室内设计效果图，尝试运用 Photoshop 的各种工具制作各种效果，并选择一种合适的文件格式进行保存。

项目二 Photoshop 常用工具和命令的使用

图层的使用

教学目标

（1）专业能力：掌握图层基础知识及使用方法。

（2）社会能力：能灵活运用图层命令进行图像处理。

（3）方法能力：信息和资料收集能力，案例分析能力。

学习目标

（1）知识目标：掌握图层样式、图层不透明度和混合模式的使用方法和技巧。

（2）技能目标：能运用图层样式、图层不透明度和混合模式进行图像处理。

（3）素质目标：能够清晰地表达自己的设计过程和思路，具备较好的语言表达能力。

教学建议

1. 教师活动

（1）教师展示前期收集的 PSD 格式的文件，引导学生分析文件中图层的效果及图层之间的关系。

（2）教师示范图层样式、图层不透明度和混合模式的使用方法。

（3）教师引导学生分析 Photoshop 效果的制作方法及过程，并应用到自己的练习作品中。

2. 学生活动

（1）观看教师示范，进行课堂练习。

（2）积极参与课堂讨论，激发自主学习的能力。

扫描二维码，看图层的详细使用方法

一、学习问题导入

各位同学，大家好！本次课我们来学习图层的使用，包括图层的基础知识、图层和图层组的使用方法、智能对象、图层样式以及图层不透明度和混合模式。

二、学习任务讲解

1. 图层的基础知识

（1）图层的概念。

图层是由许多像素组成的，图层与图层通过上下叠加的方式组成图像，对图层的编辑可以在菜单栏【图层】菜单或【图层】面板中完成，【图层】面板中列出了所有的图层、图层组和图层效果。每一个图层都显示在【图层】面板中，包含当前图层、背景图层、文字图层、智能对象图层等。【图层】面板中有功能设置按钮与选项，用于对图层进行编辑，如图 2-1 所示。

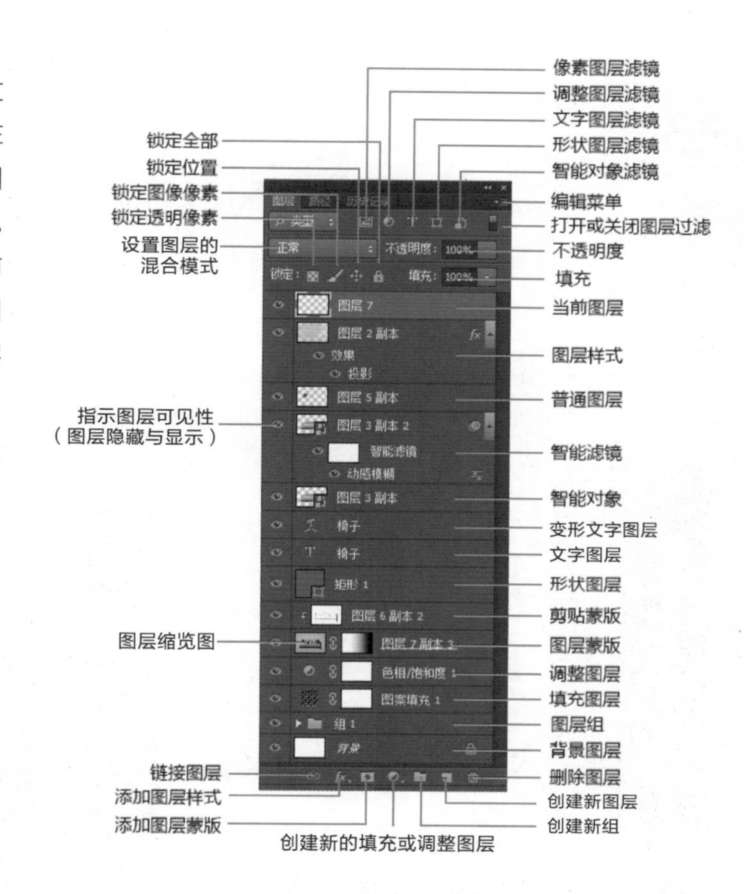

图 2-1 【图层】面板

【锁定】菜单 锁定: ：可锁定当前图层的属性，包括锁定透明像素、图像像素、位置，甚至锁定全部。

【图层过滤】菜单 ：可减少显示的图层数量，快速找到对应的图层，提高效率。

【链接图层】按钮 ：可将两个或两个以上的图层或组链接起来，如果对其中一个图层进行操作，其他被链接的图层也会被同时操作。

【添加图层样式】按钮 fx：可对当前图层或组添加图层样式，点击该按钮，将弹出图层样式菜单，可以从中选择适合的图层样式为图层或组添加特殊效果。

【添加图层蒙版】按钮 ：可为当前图层或组添加图层蒙版。

【创建新组】按钮 ：可创建新的图层组。

【创建新图层】按钮 ：可创建新的空白图层。

【删除图层】按钮 ：可删除当前选中的图层或组。

（2）图层的叠加原理。

图层与图层的叠加并不是白纸与白纸的重合，而是像若干透明拷贝纸的堆叠，每张纸（图层）上都保存着图像，如图 2-2 所示。处理图像时可以任意增加多层透明拷贝纸（图层），并互不干扰地处理本层的图像；也可以透过上面图层的透明或半透明区域看到下面图层的图像，如果上面图层没有透明或半透明区域，就会完全遮挡住下面图层的图像。每个图层都可以单独处理，而不会影响其他图层。图层可以移动，也可以调整顺序。

图 2-2　图层的叠加原理

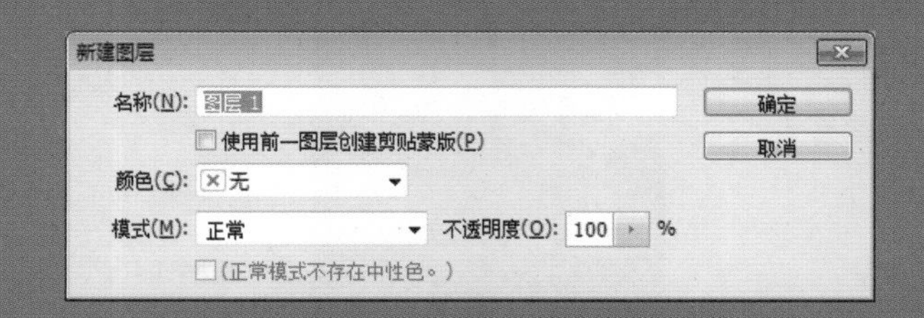

图 2-3　新建普通图层

2. 图层的使用方法

（1）新建图层。

① 新建普通图层：在原有图层上新建一个可用于编辑的空白图层。点击【图层】面板最下方第六个按钮 ，或点击菜单栏【图层】-【新建】-【图层】，或按快捷键“Ctrl+Shift+N”，会出现如图 2-3 所示的对话框，输入名称后点击【确定】即可新建普通图层。

② 新建填充图层：在原有图层上新建一个纯色、渐变或者图案填充的图层；如同时设置混合模式和不透明度，会出现特殊的效果。点击【图层】面板最下方第四个按钮 ，或点击菜单栏【图层】-【新建填充图层】，即可新建填充图层，如图 2-4 所示。

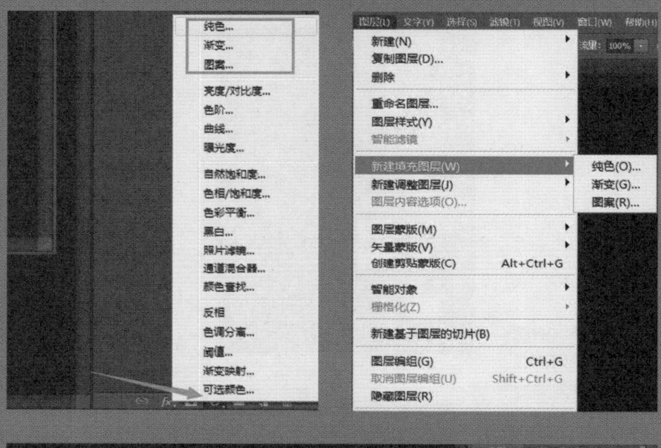

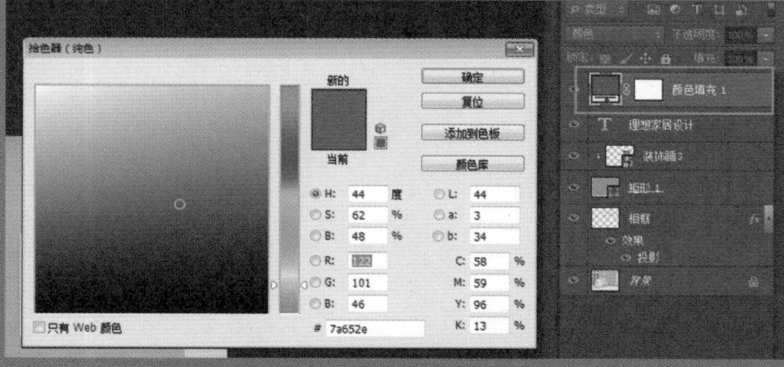

图 2-4　新建填充图层

③ 新建调整图层：在原有图层上新建一个调整图像亮度或对比度、色相或饱和度、可选颜色等的图层。点击【图层】面板最下方第四个按钮 ，或点击菜单栏【图层】-【新建调整图层】，或在【调整】面板中点击选择，即可新建调整图层，建好之后可在【属性】面板中调整图层参数，如图 2-5 所示。

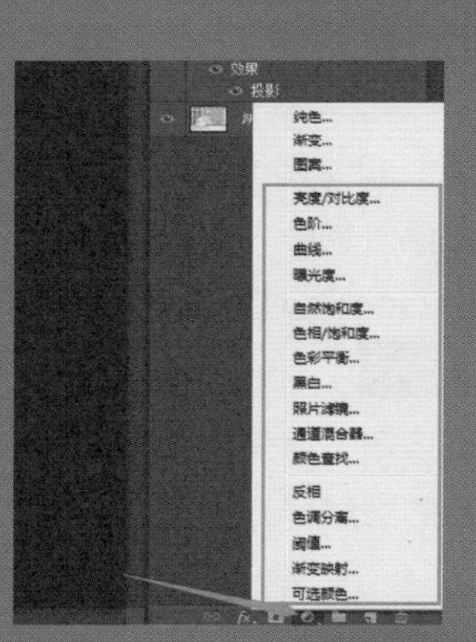

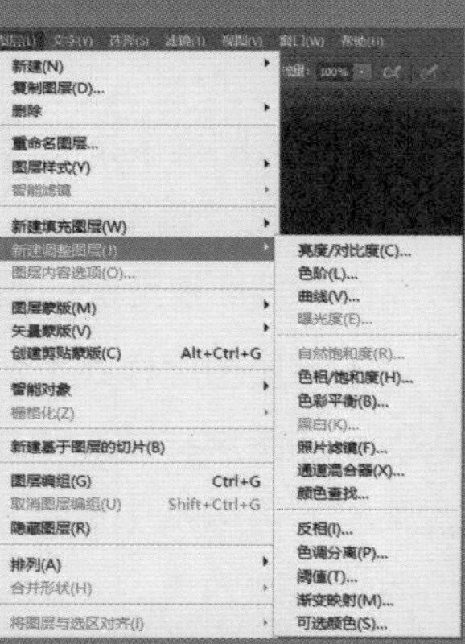

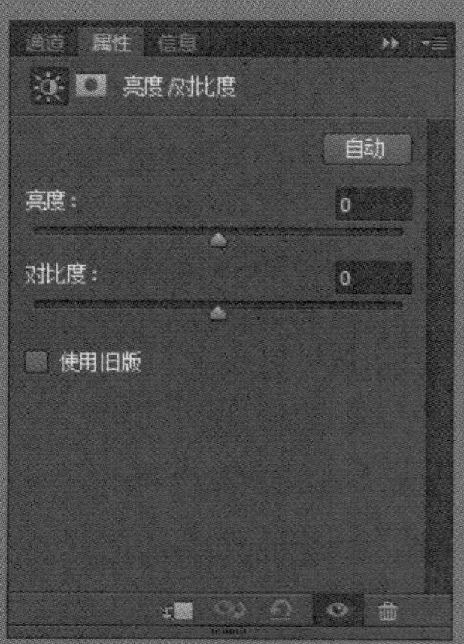

图 2-5　新建调整图层

（2）重命名图层，显示或隐藏图层。

① 重命名图层：在【图层】面板双击图层名字，即可重命名该图层，如图 2-6 所示。

② 显示或隐藏图层：在【图层】面板单击图层缩览图前的“小眼睛”，即可显示或隐藏该图层，如图 2-7 所示。

（3）复制、删除图层。

① 复制图层：鼠标右键点击【图层】面板中的图层，在弹出的菜单中点击【复制图层】，或点击菜单栏【图层】-【复制图层】，在弹出的对话框中点击【确定】，如图 2-8 所示；或者选中图层后按快捷键“Ctrl+J”，均可复制图层。

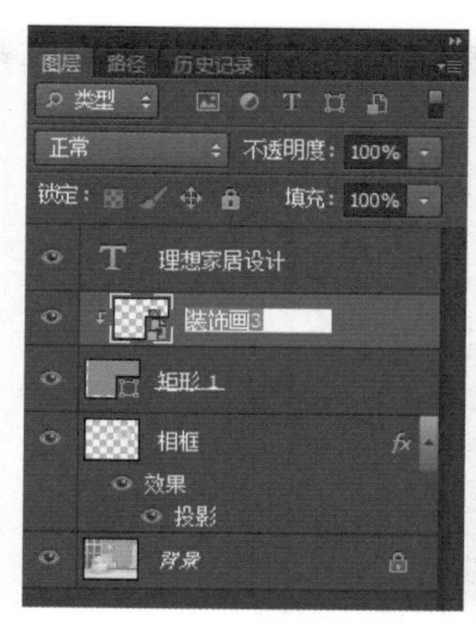

图 2-6 重命名图层

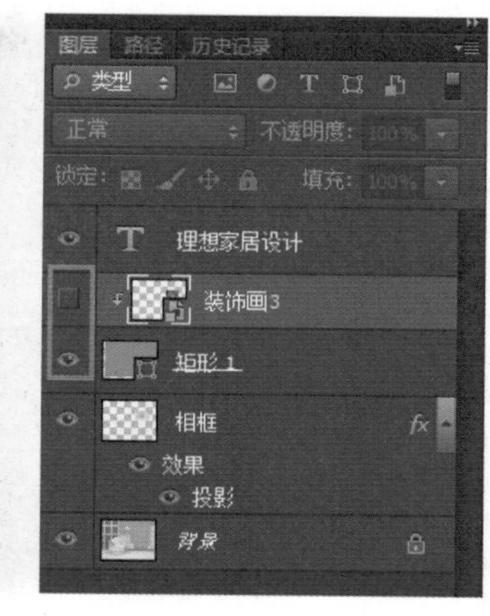

图 2-7 显示或隐藏图层

② 删除图层：鼠标右键点击【图层】面板中的图层，在弹出的菜单中点击【删除图层】，或点击菜单栏【图层】-【删除】-【图层】，或点击【图层】面板右下角的【删除图层】按钮，在弹出的对话框中点击【是】，如图 2-9 所示；或者选中图层后按快捷键“Delete”，均可删除图层。

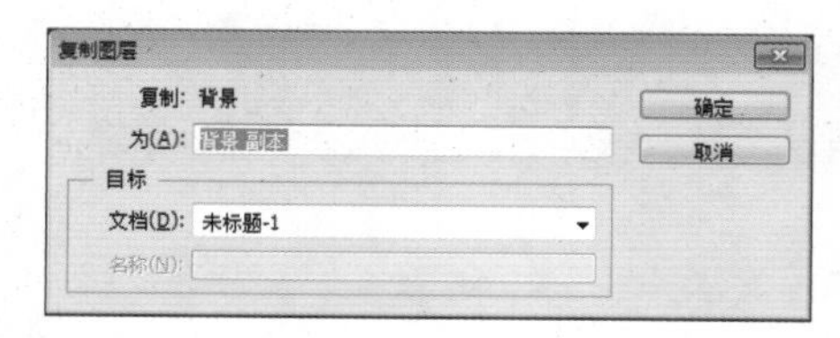

图 2-8 复制图层

图 2-9 删除图层

（4）调整图层顺序。

在 Photoshop 中编辑和修改的图像都是由多个图层组成的，为了取得更好的效果，经常需要调整图层顺序，常用方法有拖动法、菜单法和快捷键法。

如图 2-10 所示，图层 1、图层 2、图层 3 按顺序从下至上排列着，如果要把图层 1 拖到最上面，三种方法的步骤分别如下。

① 拖动法：在【图层】面板中单击选中图层 1，按住鼠标左键不放，将其拖到图层 3 上面，当出现双线时松开鼠标。

② 菜单法：单击选中图层 1，点击菜单栏【图层】-【排列】-【置为顶层】。

③ 快捷键法：单击选中图层 1，按“Ctrl+]”可将图层 1 前移一层（按“Ctrl+[”可将图层 1 后移一层），按“Ctrl+Shift+]”可将图层 1 置为顶层。

最终效果如图 2-11 所示。

图 2-10 调整图层顺序前

图 2-11 调整图层顺序最终效果

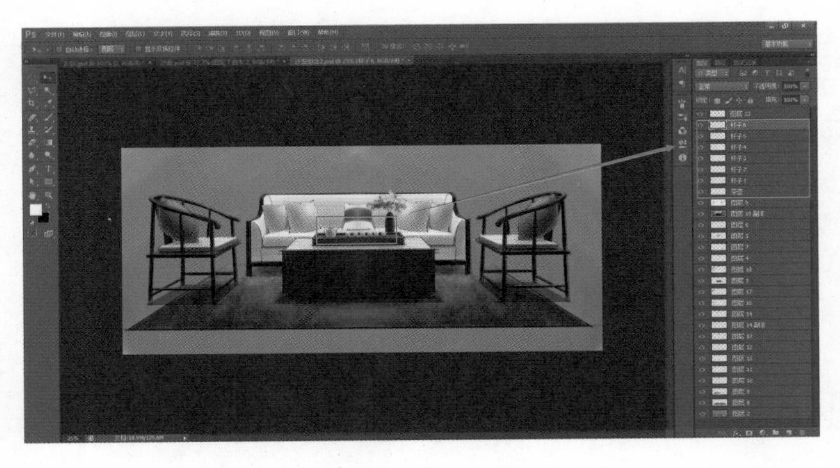

图 2-12 沙发组合手绘效果图

（5）链接图层。

在 Photoshop 中，链接图层可以将多个图层关联到一起，以便对其进行整体移动、复制、剪切等操作，提高准确性和效率。

如图 2-12 所示的沙发组合手绘效果图，其中桌子上有一个茶壶和六个杯子。【图层】面板中，六个杯子分别在六个图层中，为了方便操作，可以将六个图层链接起来，以统一调整六个杯子的大小和位置。在【图层】面板中选中这六个图层，单击面板最下方的【链接图层】按钮 ，即可将它们链接起来，如图 2-13 所示；接下来选中“杯子 1”图层进行移动和缩放，其余被链接的杯子图层也随之一起移动和缩放，如图 2-14 所示。

图 2-13 链接图层

图 2-14 移动和缩放“杯子 1”图层

若要取消某个图层的链接，选中该图层，单击【图层】面板中【链接图层】按钮即可；若要取消全部图层链接，选中全部链接图层，单击【图层】面板中【链接图层】按钮即可。

（6）合并、盖印图层。

在 Photoshop 中合并图层可以减小文件的大小。合并图层是将两个或两个以上的图层合并为一个图层，在【图层】面板的图层右键菜单中或菜单栏【图层】菜单中可选择以下合并命令。

【向下合并】：将当前图层与下方的图层合并。

【合并可见图层】：将所有可见图层合并。

【拼合图像】：将所有可见图层合并，并扔掉隐藏的图层。

除了合并图层，还可以盖印图层，即在保留原有图层的基础上，盖印一个新的合并图层在原有图层上方，方便后期继续编辑原有图层。

【盖印所有可见图层】：将所有图层合并到一个新的图层中，快捷键为“Ctrl+Shift+Alt+E”。

【盖印多个图层】：将选中的图层合并到一个新的图层中，快捷键为“Ctrl+Alt+E”。

3. 图层组的使用方法

在 Photoshop 中，当图层数量比较多的时候，创建图层组可以更方便地管理图层，图层组中的图层可以被统一移动、变换或设置不透明度等，也可以被单独编辑。

（1）创建新组和将图层移出组。

如图 2-15 所示的案例中，图层太多，难以管理，因此要创建新组。单击【图层】面板最下方的【创建新组】按钮，即可在当前图层的上方建立一个空白的新组，如图 2-16 所示。选中图层，按住鼠标左键不放，将其拖进新组里，再松开鼠标，即可将选中的图层放进新组，如图 2-17 所示。

将图层移出组的方法是拖动组内的图层到当前组或组外图层上方，当出现双线时松开鼠标，如图 2-18 所示。

图 2-15
创建新组前

图 2-16
创建空白的新组

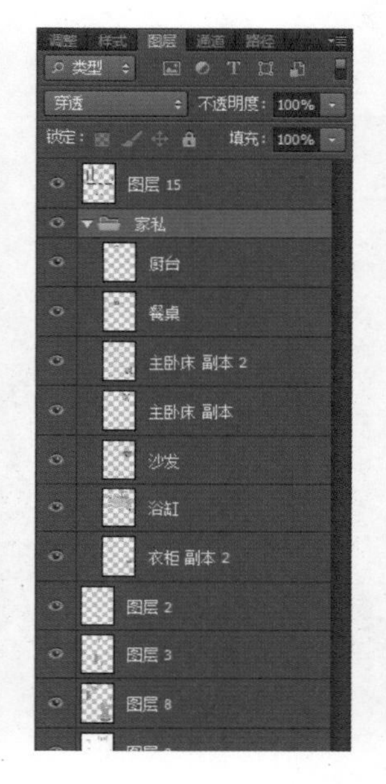

图 2-17
将图层拖进新组

图 2-18
将图层移出组

（2）图层组的其他操作方法。

图层组的重命名、显示或隐藏、复制、删除、调整顺序、链接、合并、盖印等操作方法与图层相同。

4. 智能对象

智能对象是包含栅格或矢量图中的图像数据的图层。它保留图像的源内容及所有原始数据，从而让用户在对图层进行变形等非破坏性编辑操作时，不会丢失图像原始数据或降低图像品质。另外，与普通图层的滤镜不同，智能对象的滤镜可随时编辑。

（1）置入智能对象。

在 Photoshop 中，置入智能对象有以下几种方法：点击菜单栏【文件】-【打开为智能对象】，选中图片并点击【打开】，即可打开一个智能对象文件；点击菜单栏【文件】-【置入】，可在当前文件中置入智能对象；直接从文件夹中将图片拖进当前文件工作区，按“Enter”，也可在当前文件中置入智能对象；在当前文件的【图层】面板中，选中一个或多个图层，在其右键菜单中点击【转换为智能对象】，可把选中的图层转换为智能对象。

（2）编辑智能对象。

双击智能对象缩览图，即可跳转到相关软件对智能对象进行编辑，编辑完成并存储后，Photoshop 中的智能对象就会自动更新。

如图 2-19 所示的三个装饰画图层是同一个智能对象，双击其中一个缩览图，会弹出如图 2-20 所示的对话框，点击【确定】，即跳转到如图 2-21 所示的文件中。对其进行调色后，点击菜单栏【图像】-【调整】-【黑白】，在弹出的对话框中点击【确定】，得到如图 2-22 所示的效果，再点击菜单栏【文件】-【存储】。回到图 2-19 所示的文件中，可看到三张装饰画同时改变了颜色，如图 2-23 所示。

图 2-19 三个装饰画图层

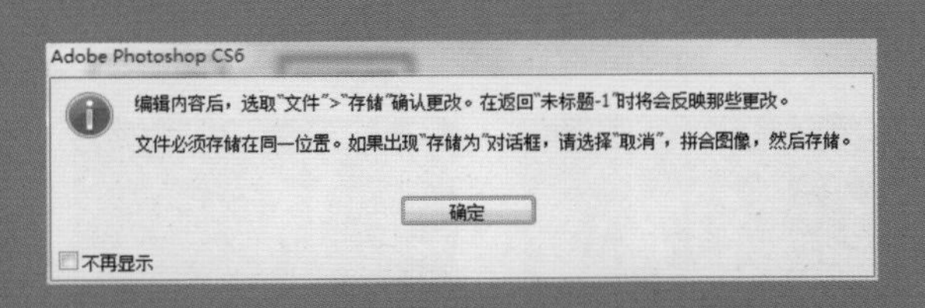

图 2-20 弹出对话框

图 2-21 智能对象编辑前

图 2-22 智能对象编辑后

图 2-23 三个装饰画最终效果

当确定智能对象不再需要编辑时，可将其转换成普通图层，以缩小文件大小。操作方法为在其右键菜单中点击【栅格化图层】，如图 2-24 所示。

5. 图层样式

在 Photoshop 中，图层样式包括投影、外发光、内发光、斜面和浮雕等十种。在室内设计领域，常用的图层样式有投影、斜面和浮雕、描边、内发光、外发光等。

选中一个图层或组，点击菜单栏【图层】-【图层样式】，选择合适的图层样式，会弹出可调整参数的对话框，如图 2-25 所示；或选中一个图层或组，在其右键菜单中点击【混合选项】，会弹出对话框，可在对话框左侧选择合适的图层样式。

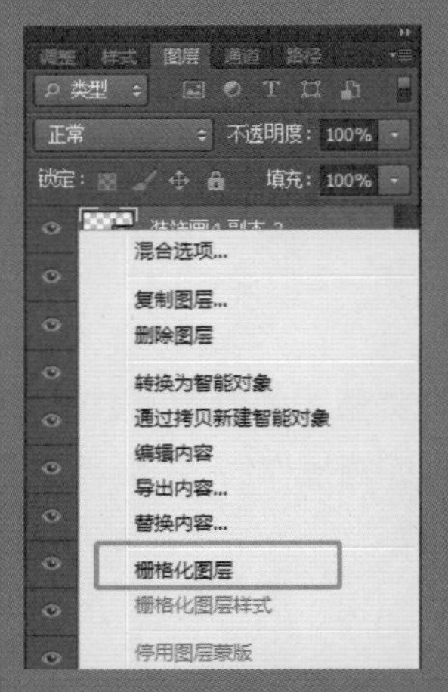

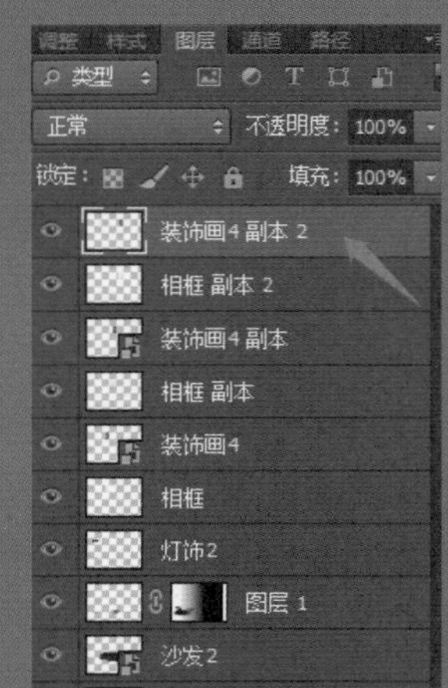

图 2-24 栅格化图层

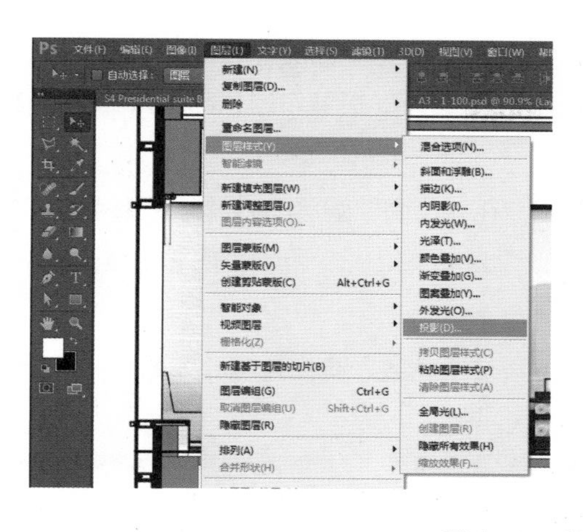

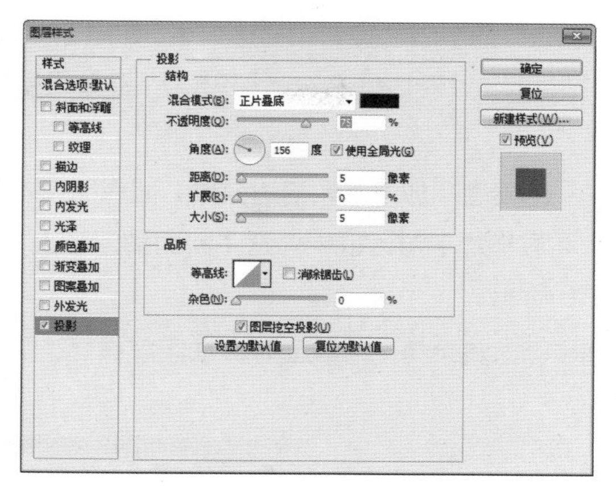

图 2-25 设置图层样式

【投影】：可为图层内容添加投影效果，合理设置投影的颜色、大小、角度等，可以使图像更具立体感，如图 2-26 中左边的相框所示。

【内阴影】：可为图层内容的边缘添加向内的阴影，使图层呈现凹陷效果，如图 2-26 中右边的相框所示。

图 2-26 投影效果

图 2-27 浮雕效果

【斜面和浮雕】：可为图层内容的边缘添加高光与阴影，使图层呈现浮雕效果，如图 2-27 所示。

【外发光】：可为图层内容的边缘添加向外的发光效果。

【内发光】：可为图层内容的边缘添加向内的发光效果。

【光泽】：可为图层内容的边缘添加光滑的内部阴影，使图像呈现光泽效果。

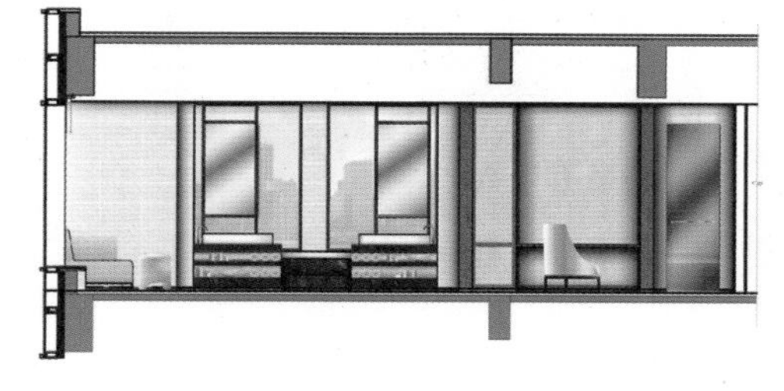

图 2-28 添加图层样式前

【描边】：可为图层内容的边缘添加描边。

【颜色叠加】：可为图层内容叠加一种颜色。

【渐变叠加】：可为图层内容叠加一种渐变色。

【图案叠加】：可为图层内容叠加一种图案。

图 2-29 椅子投影效果

【颜色叠加】、【渐变叠加】、【图案叠加】中，可通过调整混合模式和不透明度做出不同的效果。

【案例一】给彩色立面图添加图层样式。

如图 2-28 所示是一张无图层样式的彩色立面图，看起来没有立体感，可通过图层样式的运用，使其细节更丰富，更有立体感。

步骤一：给椅子添加投影效果，如图 2-29 所示。在“椅子”图层的右键菜单中点击【混合选项】，在弹出的【图层样式】对话框中勾选【投影】，参数设置如图 2-30 所示。

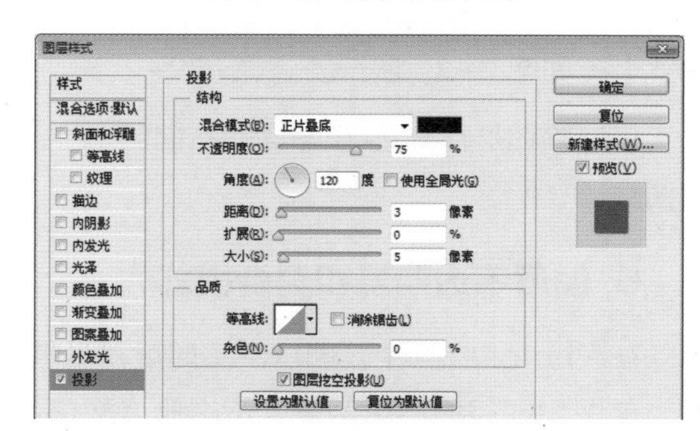

图 2-30 “椅子”图层投影参数

步骤二：给门把手添加投影和描边效果，如图 2-31 所示。在“门把手”图层的右键菜单中点击【混合选项】，在弹出的【图层样式】对话框中勾选【投影】，参数设置如图 2-32 所示；接着勾选【描边】，参数设置如图 2-33 所示。

步骤三：给墙面添加浮雕和描边效果，如图 2-34 所示。在“墙面”图层的右键菜单中点击【混合选项】，在弹出的【图层样式】对话框中勾选【斜面和浮雕】，参数设置如图 2-35 所示；接着勾选【描边】，参数设置如图 2-36 所示。

按上述步骤对其余椅子、墙面等添加图层样式，最终效果非常精致、有立体感，如图 2-37 所示。

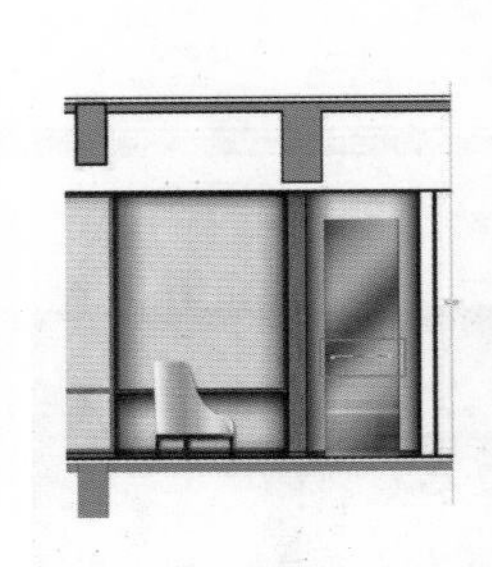

图 2-31 门把手投影和描边效果

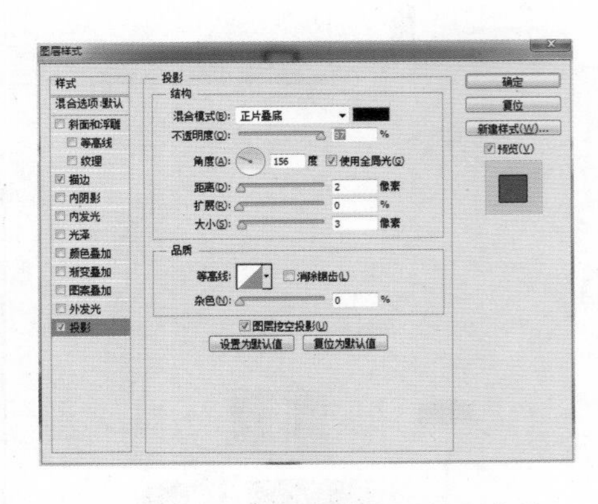

图 2-32 “门把手”图层投影参数

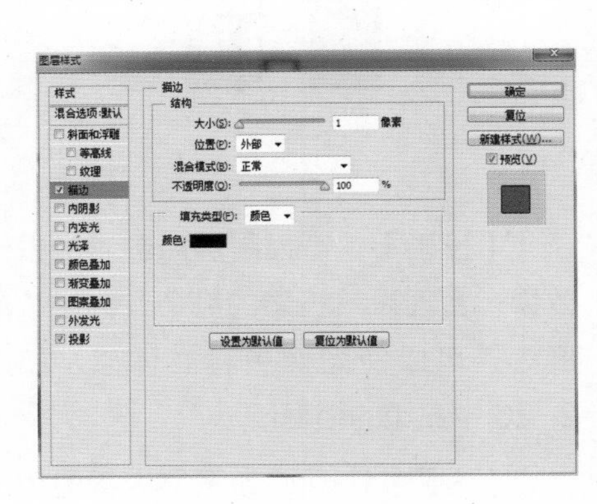

图 2-33 “门把手”图层描边参数

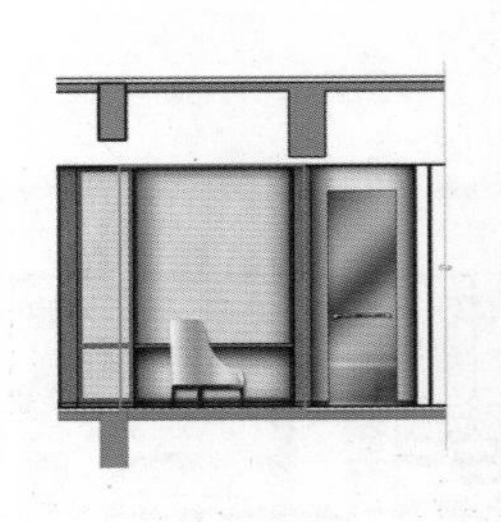

图 2-34 墙面浮雕和描边效果

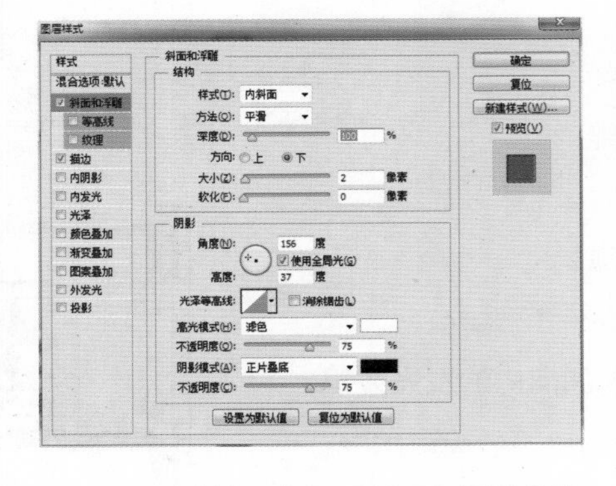

图 2-35 “墙面”图层斜面和浮雕参数

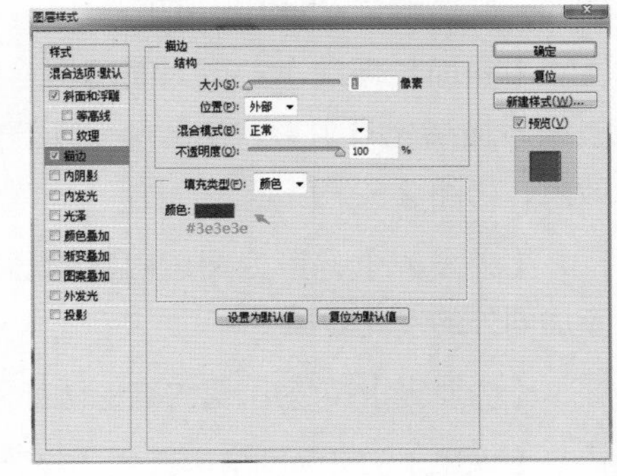

图 2-36 “墙面”图层描边参数

【显示与隐藏图层样式】：在【图层】面板中单击图层样式前的“小眼睛”，即可显示或隐藏该图层样式对应的效果，如图 2-38 所示。

【拷贝与粘贴图层样式】：在图层的右键菜单中点击【拷贝图层样式】，在要粘贴该图层样式的图层右键菜单中点击【粘贴图层样式】，如图 2-39 所示。

【清除图层样式】：在图层的右键菜单中点击【清除图层样式】，如图 2-39 所示。

图 2-37 添加图层样式最终效果

6. 图层不透明度和混合模式

在 Photoshop 中，图层不透明度是当前图层中图像的透明程度，可在【图层】面板【不透明度】框中设置当前图层或组的不透明度，不透明度数值越小，则当前图层或组透明程度越高，而不透明度为 100% 时，当前图层或组完全不透明，如图 2-40 所示。

图层混合模式是当上层图层图像与下层图层图像叠加时，使其颜色混合，从而得到另一种图像效果的重要功能。可以根据混合模式下拉菜单中的分组将图层混合模式分成变暗模式、变亮模式、饱和度模式、差集模式和颜色模式，如图 2-41 所示。室内设计领域常用图层混合模式来叠加材质和制作光影效果。

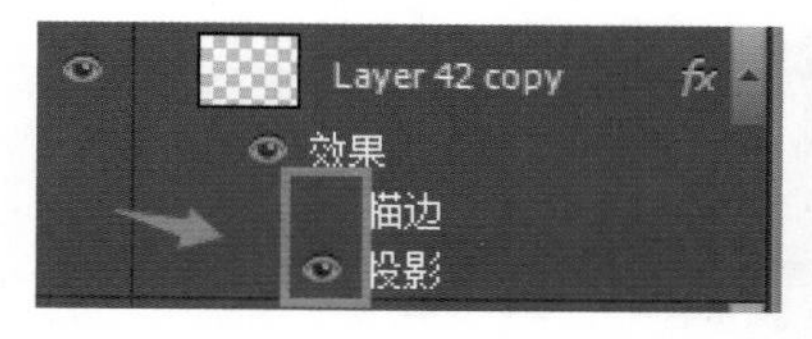

图 2-38 显示与隐藏图层样式

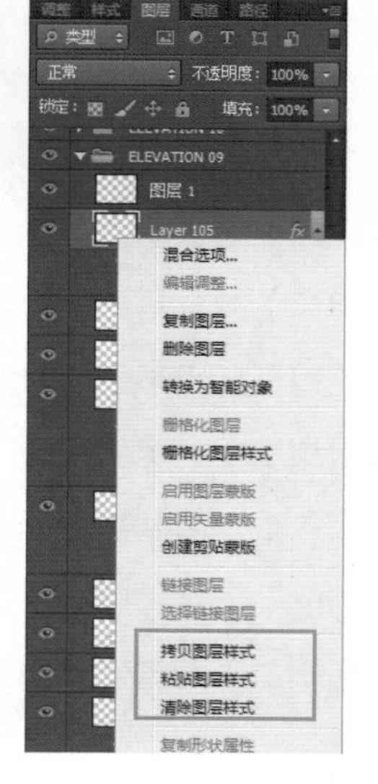

图 2-39 拷贝、粘贴和清除图层样式

【正常】：默认状态，无任何效果。

【溶解】：粒状效果，可通过【不透明度】调整。

【变暗】：将背景中较淡的颜色从较暗的颜色中去掉。

【正片叠底】：任何颜色与黑色正片叠底都呈现黑色，与白色正片叠底则保持不变。

【颜色加深】：使颜色变深、亮度降低。

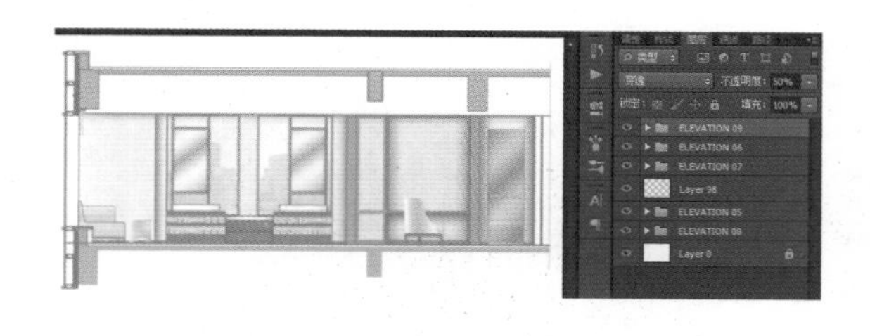

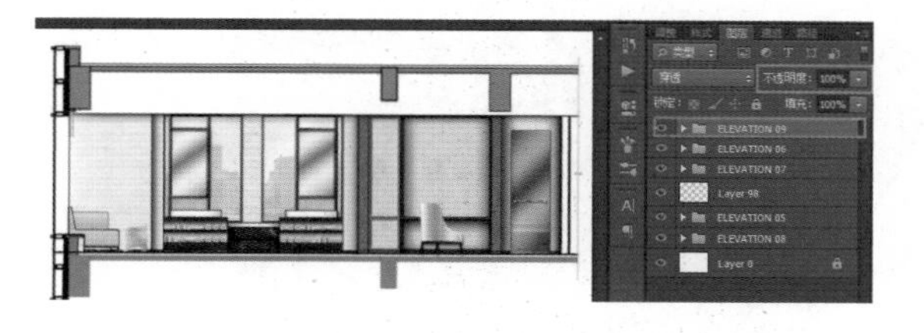

图 2-40 图层不透明度设置

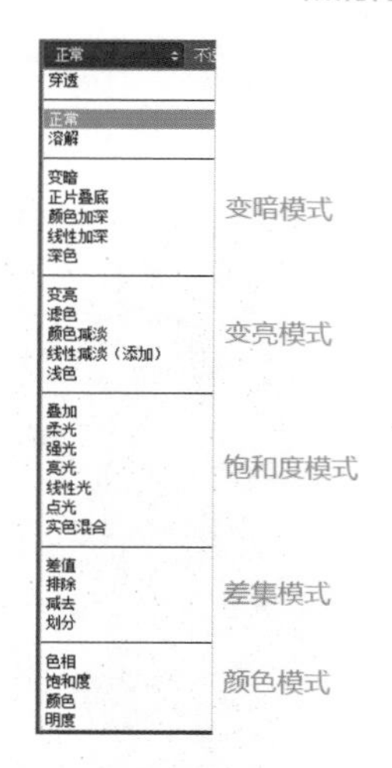

图 2-41 图层混合模式菜单与分类

【线性加深】：通过降低亮度使原固有色变暗来反映混合色。

【深色】：使当前混合色的饱和度直接覆盖原固有色中暗调区域的颜色。

【变亮】：将背景中较暗的颜色从较亮的颜色中去掉。

【滤色】：任何颜色与白色滤色都呈现白色，与黑色滤色则保持不变。

【颜色减淡】：降低对比度，与黑色混合不发生变化。

【线性减淡（添加）】：通过增大亮度使原固有色变亮来反映混合色，与黑色混合不发生变化。

【叠加】：对颜色进行正片叠底或过滤，具体取决于基色。

【柔光】：使颜色变暗或变亮，具体取决于混合色。

【强光】：对颜色进行正片叠底或过滤，具体取决于混合色。

【亮光】：通过增大或减小对比度来加深或减淡颜色，具体取决于混合色。

【线性光】：通过减小或增大亮度来加深或减淡颜色，具体取决于混合色。

【点光】：根据混合色替换颜色。

【实色混合】：将混合色的红色、绿色和蓝色通道值添加到基色的 RGB 值中。

【差值】：任何颜色与白色混合都将反转基色值，与黑色混合不发生变化。

【排除】：与【差值】相似，但对比度更低。

【减去】：从基色中减去混合色。

【划分】：从基色中划分混合色。

【色相】：用基色的明度、亮度和饱和度以及混合色的色相创建结果色。

【饱和度】：用基色的明度、亮度和色相以及混合色的饱和度创建结果色。

【颜色】：用基色的明度、亮度以及混合色的色相、饱和度创建结果色。

【明度】：用基色的色相、饱和度以及混合色的明度、亮度创建结果色。

【案例二】给场景添加光影效果。

步骤一：打开文件，创建一个新图层，将其命名为“光影”，如图 2-42 所示。

步骤二：点击【画笔工具】，在【画笔预设】面板中，点击右上角的设置按钮，在下拉菜单中点击【载入画笔】，在素材文件夹中选择“超清晰光影元素 PS 笔刷”，点击【载入】，如图 2-43 所示。

步骤三：点击【画笔工具】，在【画笔预设】面板中，选择合适的光影元素笔刷，设置画笔大小为 1389 像素，如图 2-44 所示。

图 2-42 创建新图层

图 2-43 载入画笔

1389 模式：正常 不透明度：100% 流量：100%

图 2-44 设置画笔大小

步骤四：选中“光影”图层，在画面合适的位置画出光影轮廓，如图 2-45 所示；在【图层】面板中，将“光影”图层混合模式设置为【叠加】，【不透明度】设置为 40%，如图 2-46 所示。

添加光影效果前后对比如图 2-47 所示。

图 2-45 画出光影轮廓

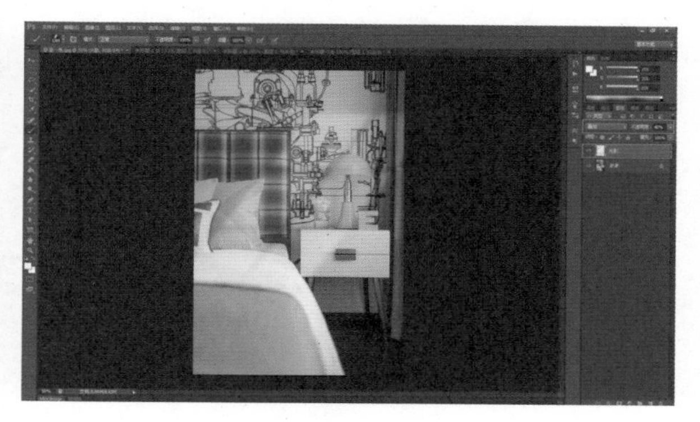

图 2-46 设置混合模式和不透明度

图 2-47 添加光影效果前后对比

三、学习任务小结

通过本次课的学习，同学们已经了解了图层的使用方法，初步掌握了图层的使用技巧。在室内设计平面图、效果图后期处理中，图层的使用是常用的基础操作，课后，同学们要多加练习和巩固。

四、课后作业

（1）练习新建文字图层、形状图层、填充图层的操作。

（2）制作 1 张墙纸材质叠加在墙面上的图片。

选区、蒙版、路径的使用

教学目标

（1）专业能力：掌握选区、蒙版、路径的使用方法，熟悉 Photoshop 选区。

（2）社会能力：收集经过 Photoshop 处理的室内设计和建筑设计效果图案例，能够运用所学知识分析各类设计案例中的 Photoshop 处理技巧，并能口头表述其要点。

（3）方法能力：信息筛选能力，设计案例分析、提炼及表达能力。

学习目标

（1）知识目标：掌握 Photoshop 选区和路径的使用方法。

（2）技能目标：能运用选区、蒙版和路径进行图像处理。

（3）素质目标：能够大胆、清晰地表述自己的作品，具备团队协作能力和一定的语言表达能力。

教学建议

1. 教师活动

（1）教师通过展示前期收集的室内设计效果图案例中运用到选区、蒙版和路径等的内容，让学生对 Photoshop 处理室内设计效果图有一个直观认识。同时，运用多媒体课件、教学视频等多种教学手段，讲授 Photoshop 选区、蒙版、路径的学习要点。

（2）教师示范选区、蒙版、路径的使用方法，并指导学生进行课堂实训。

2. 学生活动

（1）认真听教师讲解，做好笔记；认真观看教师示范，并按要求完成实训。

（2）自主学习，自我管理，学以致用。

一、学习问题导入

各位同学，大家好！在室内（外）设计平面图、效果图后期处理中，经常会对指定的区域进行编辑，如填充、移动、修改等，也会使用大量的素材进行合成，如图 2-48 所示。Photoshop 中用于选取区域的工具非常多，对于不同的图像，可以采用不同的工具。

图 2-48 室内（外）设计效果图

二、学习任务讲解

1. 选区

对图像的某个部分进行编辑前，必须指定一个封闭区域，这个区域就是选区。选区一旦建立，大部分操作只对选区范围有效，如需对全图进行操作，则必须取消选区。

选区分为规则选区、不规则选区和其他类型选区。

（1）规则选区由【选框工具组】创建，它包括四个子工具，如图 2-49 所示。按快捷键“M”“Shift+M”可切换【矩形选框工具】和【椭圆选框工具】，按住“Shift”可创建正方形或正圆形选区。创建一个选区后，可按住“Shift”加选，按住“Alt”减选，按住“Shift+Alt”叉选。

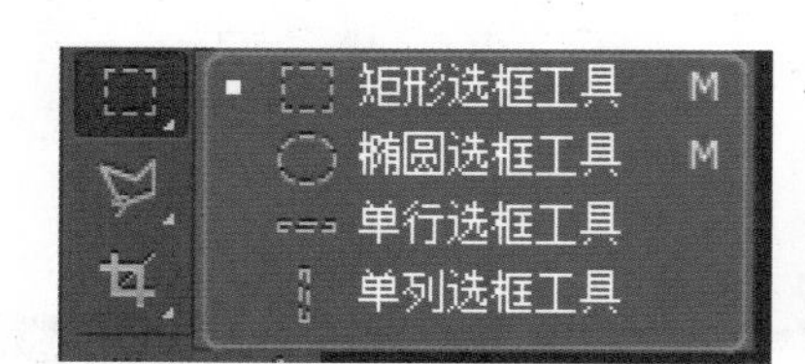

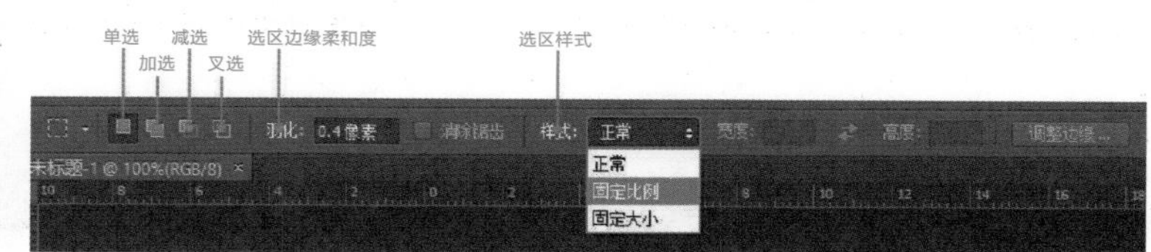

图 2-49 【选框工具组】及【矩形选框工具】属性栏

【案例一】给平面图指定区域填充颜色，如图 2-50 所示。

步骤一：打开文件，新建图层置于“CAD”图层下方并填充白色，命名为“背景”，如图 2-51 所示。

步骤二：新建“图层 1”置于“背景”图层上方，用【矩形选框工具】框选木地板区域，再按住“Alt”减选红色实线框住的区域，用【油漆桶工具】填充颜色，如图 2-52 所示。

步骤三：新建“图层 2”置于“图层 1”上方，用【矩形选框工具】框选一个沙滩椅区域，再按住“Shift”加选其余沙滩椅区域，用【油漆桶工具】填充颜色，如图 2-53 所示。

步骤四：新建“图层 3”置于“图层 2”上方，用【矩形选框工具】结合加选和减选选取花坛区域，用【油漆桶工具】填充颜色，如图 2-54 所示。

图 2-50 平面图填色前后对比

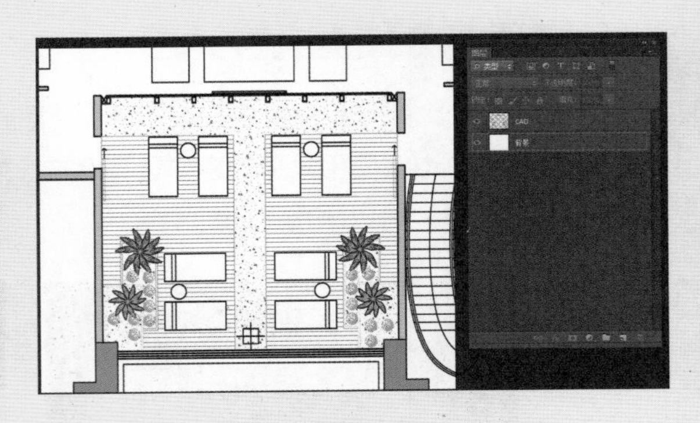

图 2-51 打开文件并新建图层

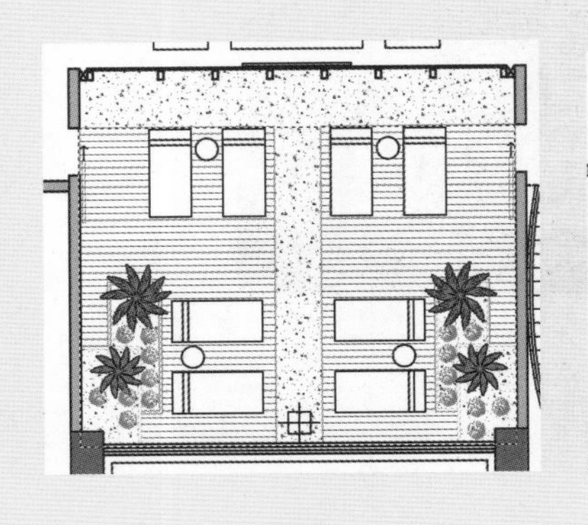

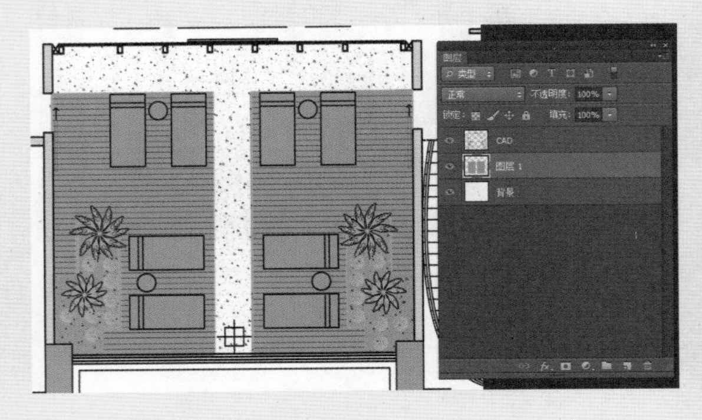

图 2-52 给木地板区域填充颜色

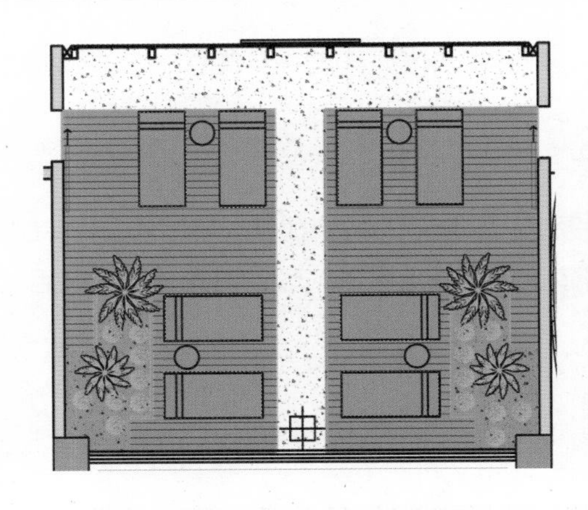

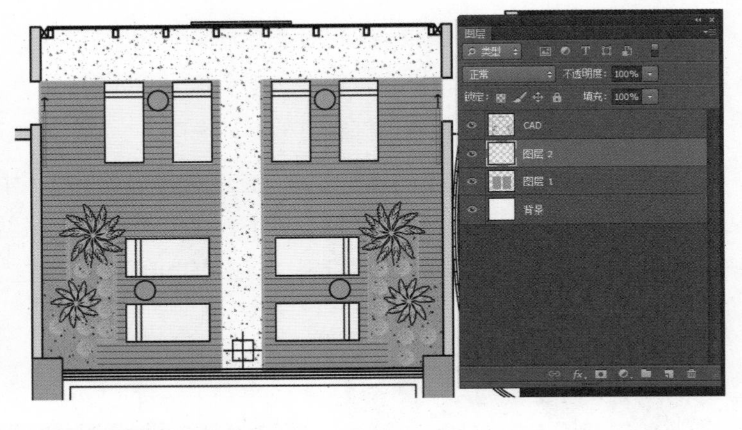

图 2-53 给沙滩椅区域填充颜色

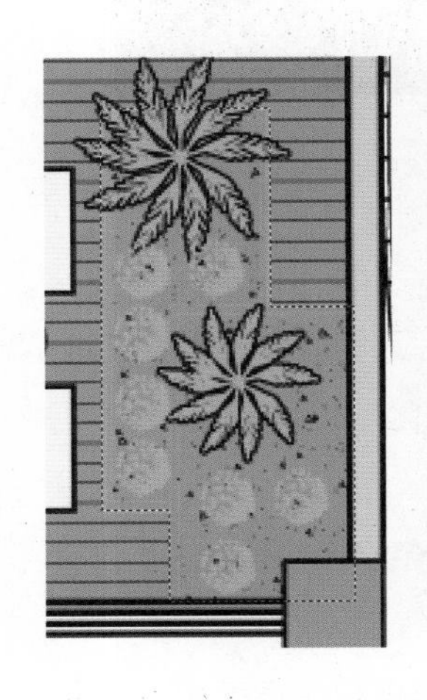

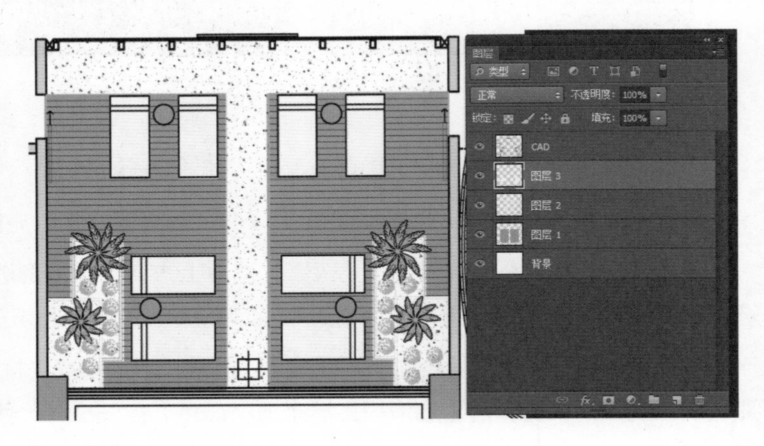

图 2-54 给花坛区域填充颜色

（2）不规则选区由【套索工具组】创建，它包括三个子工具，如图 2-55 所示。【套索工具】用于绘制手绘线条；【多边形套索工具】用于绘制直线，按住“Shift”可绘制垂直或水平直线；【磁性套索工具】用于贴近图像边缘创建选区。按快捷键“L”“Shift+L”可切换这三个子工具。按“Esc”可取消选区操作。创建一个选区后，可按住“Shift”加选，按住“Alt”减选，按住“Shift+Alt”叉选。执行【多边形套索工具】和【磁性套索工具】时，按“Backspace”可后退一锚点。

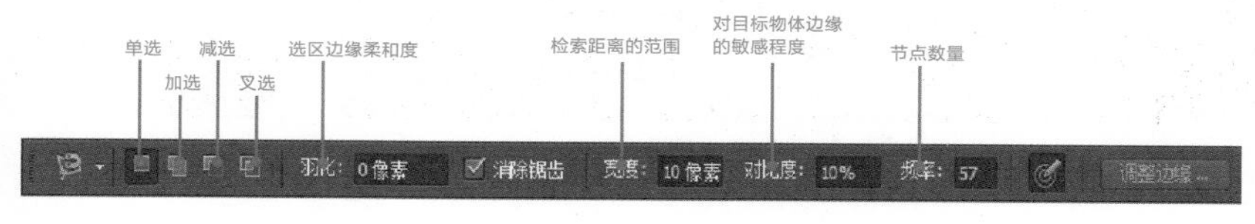

图 2-55　【套索工具组】及【磁性套索工具】属性栏

（3）其他类型选区由【魔棒工具组】、【色彩范围】或【通道】创建。

①【魔棒工具组】用于快速创建颜色相同或相近的选区，包括两个子工具，如图 2-56 所示。【快速选择工具】使用方法与【画笔工具】类似，设置工具属性后，拖动鼠标，能快速选取需要的区域。【魔棒工具】属性栏可设置【取样大小】和【容差】的参数，以控制选取范围。按快捷键“W”“Shift+W”可切换这两个子工具。创建一个选区后，可按住“Shift”加选，按住“Alt”减选，按住“Shift+Alt”叉选。

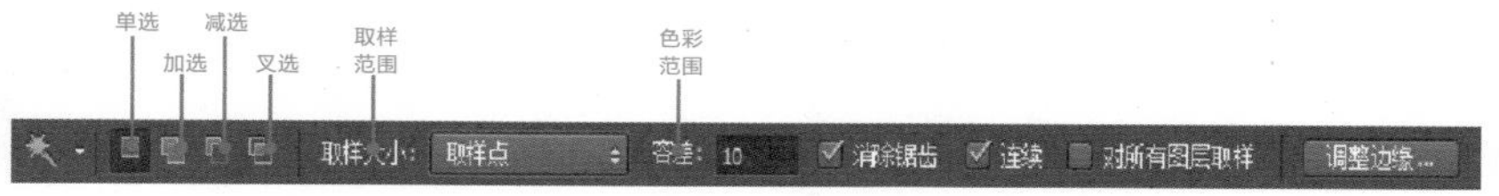

图 2-56　【魔棒工具组】及【魔棒工具】属性栏

【案例二】添加户外场景，如图 2-57 所示。

步骤一：打开文件，置入“户外场景”并调整，在其右键菜单中点击【栅格化图层】，如图 2-58 所示。

步骤二：用【多边形套索工具】框选窗户区域，用【磁性套索工具】或者【快速选择工具】减选沙发和装饰品区域，用【矩形选框工具】减选窗户立柱区域，选取各区域时可将“户外场景”图层设为不显示以便于操作，如图 2-59 所示。

步骤三：将“户外场景”图层设为显示，按“Ctrl+Shift+I”执行【选择反向】命令，按“Delete”删除“户外场景”图层多余图像，再按“Ctrl+D”取消选区，如图 2-60 所示。

步骤四：根据情况调整“户外场景”图层不透明度，如图 2-61 所示。

图 2-57　添加户外场景前后对比

图 2-58 打开文件并置入“户外场景”

图 2-59 创建选区

图 2-60 删除多余图像

图 2-6 调整不透明度

②【色彩范围】适用于选取渐变色区域。点击菜单栏【选择】-【色彩范围】打开对话框并设置参数即可选取，如图 2-62 所示。

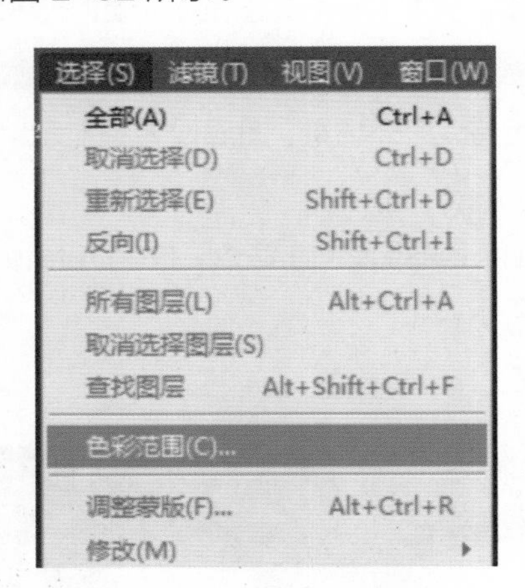

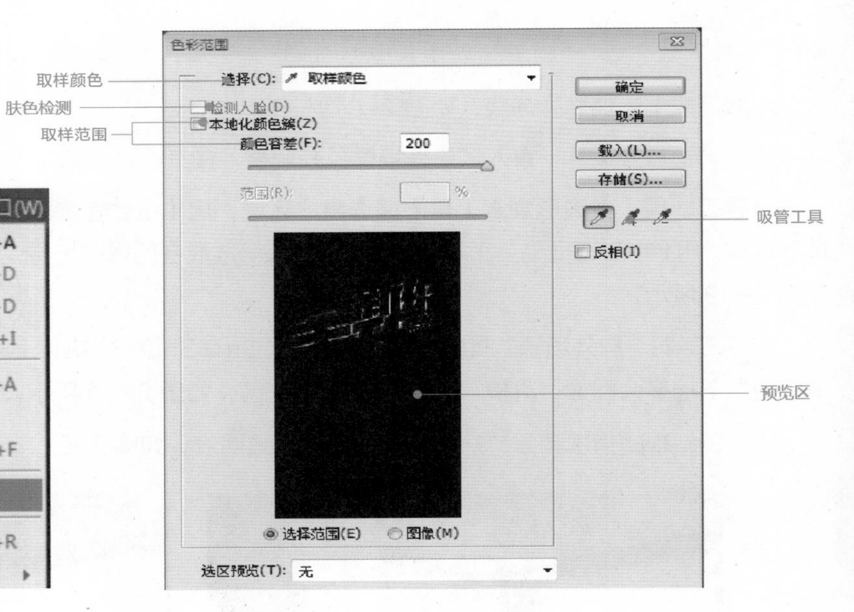

图 2-62 【色彩范围】对话框

【案例三】选取树木区域，如图 2-63 所示。

步骤一：打开文件，点击菜单栏【选择】-【色彩范围】，用【吸管工具】吸取天空区域任意位置，将颜色容差调到 200，点击【确定】，如图 2-64 所示。

步骤二：按“Ctrl+Shift+I”执行【选择反向】命令，按“Ctrl+J”复制生成“图层 1”，如图 2-65 所示。

图 2-63 选取树木区域前后对比

图 2-64 打开文件并吸取天空颜色

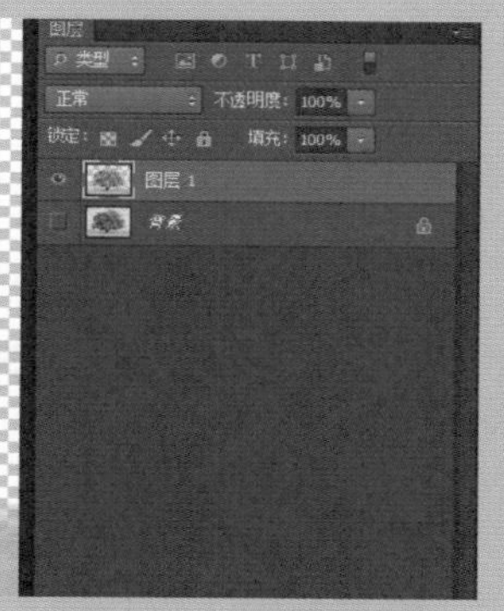

图 2-65 选取树木与草地区域

步骤三：用【矩形选框工具】框选结合【磁性套索工具】减选以选取草地区域，按“Delete”删除草地区域，再按“Ctrl+D”取消选区，如图 2-66 所示。

图 2-66 删除草地区域

③【通道】适用于选取边缘复杂的对象（树枝、毛发等），以及半透明图像（烟、火、水等）。【通道】面板如图 2-67 所示。

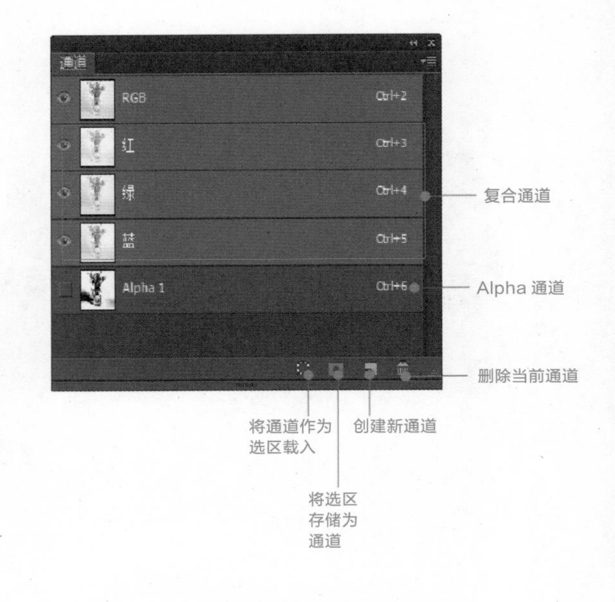

图 2-67 【通道】面板

【案例四】选取花卉与花瓶，如图 2-68 所示。

步骤一：打开文件，单击【通道】面板，分别观察红、绿、蓝三个通道，选择花卉、花瓶与背景颜色区分最明显的通道，本案例为“绿”通道，在其右键菜单中点击【复制通道】，如图 2-69 所示。

步骤二：选择“绿 副本”通道，按“Ctrl+L”打开【色阶】对话框，将花卉、花瓶与背景的黑白对比程度调至最明显后点击【确定】，如图 2-70 所示。

步骤三：点击【画笔工具】，用黑色、白色绘制“绿 副本”通道中的花卉与花瓶区域，如图 2-71 所示。

步骤四：按住“Ctrl”，单击“绿 副本”通道，点击【将通道作为选区载入】，如图 2-72 所示。

图 2-68 选取花卉与花瓶前后对比

图 2-69 选择通道并复制

图 2-70 调整色阶

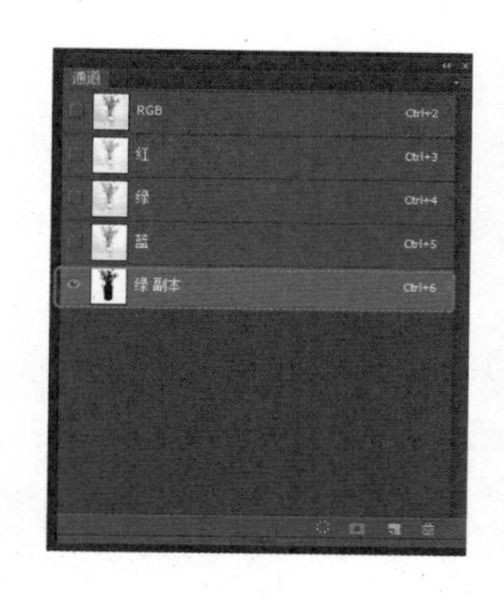

图 2-71 绘制花卉与花瓶区域

图 2-72 载入选区

步骤五：点击“RGB”通道，切换到【图层】面板，按“Ctrl+Shift+I”执行【选择反向】命令，按“Ctrl+J”执行【复制图层】命令，如图 2-73 所示。

图 2-73 选取花卉与花瓶

2. 选区的使用方法

（1）移动选区：将光标移至选区内，当其呈 时，按住鼠标左键并拖动鼠标至所需位置后，松开鼠标即可移动选区至该位置。

（2）选择选区：包括【全选】（快捷键“Ctrl+A”）、【取消选择】（快捷键“Ctrl+D”）、【重新选择】（快捷键“Ctrl+Shift+D”）、【选择反向】（快捷键“Ctrl+Shift+I”）。

（3）修改选区：点击菜单栏【选择】-【修改】中的【边界】、【平滑】、【扩展】、【收缩】等，可对选区的轮廓进行相应的处理。

（4）【羽化】：对选区边缘进行柔化。在选区右键菜单中点击【羽化】即可。

（5）【调整边缘】：对当前选区进行更细致的修改，从而得到更精确的选区。点击菜单栏【选择】-【调整边缘】，或点击选区创建工具属性栏的【调整边缘】，即可打开【调整边缘】对话框。

（6）【存储选区】：在处理复杂图像时，可以通过【存储选区】命令保存选区，Photoshop 会创建一个 Alpha 通道并将选区保存在该通道内。点击菜单栏【选择】-【存储选区】，或在选区右键菜单中点击【存储选区】，即可打开【存储选区】对话框。

（7）【载入选区】：与【存储选区】相反，【载入选区】命令可以将保存在 Alpha 通道中的选区载入图像文件窗口中。点击菜单栏【选择】-【载入选区】，或按住“Ctrl”的同时单击【通道】面板中对应通道的缩览图即可。

（8）【变换选区】：对当前选区执行变换操作，包括缩放、旋转、斜切、扭曲、透视、变形等。点击菜单栏【选择】-【变换选区】，或在选区右键菜单中点击【变换选区】即可。

【案例五】更换装饰画，如图 2-74 所示。

步骤一：打开文件，置入“装饰画贴图”，在其右键菜单中点击【栅格化图层】，如图 2-75 所示。

步骤二：用【椭圆选框工具】在装饰画上随意框选，点击菜单栏【选择】-【变换选区】，调整后，双击确定，拖动选区置于“装饰画贴图”上，如图 2-76 所示。

步骤三：按“Ctrl+J”执行【复制图层】命令，将复制的图像移至装饰画所在位置，按“Ctrl+U”调整其【色相 / 饱和度】，参数设置及最终效果如图 2-77 所示。

图 2-74　更换装饰画前后对比

图 2-75　打开文件并置入贴图

图 2-76　创建并调整选区

图 2-77　【色相 / 饱和度】参数及更换装饰画最终效果

【案例六】制作暗角，如图 2-78 所示。

步骤一：打开文件，如图 2-79 所示。

步骤二：新建图层，用【油漆桶工具】填充黑色，如图 2-80 所示。

步骤三：用【椭圆选框工具】框选一个选区，在其右键菜单中点击【羽化】，如图 2-81 所示。

步骤四：羽化半径设置为 255 像素，点击【确定】，按“Delete”执行【删除】命令，如图 2-82 所示。

步骤五：根据画面效果进行调整，可多次执行【删除】命令，也可调整图层不透明度，最终效果如图 2-83 所示。

图 2-78 制作暗角前后对比

图 2-79 打开文件

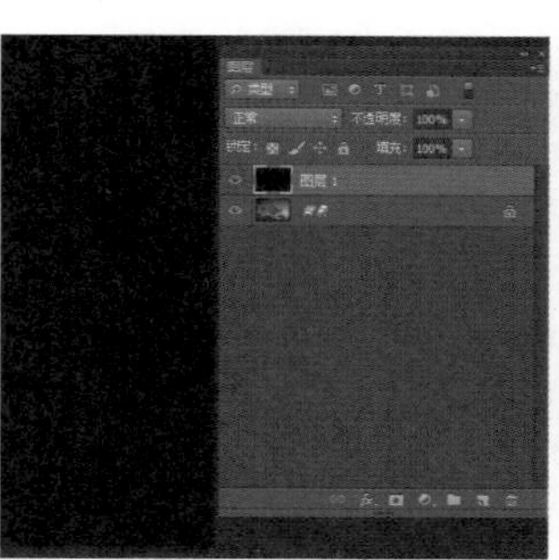

图 2-80 新建图层

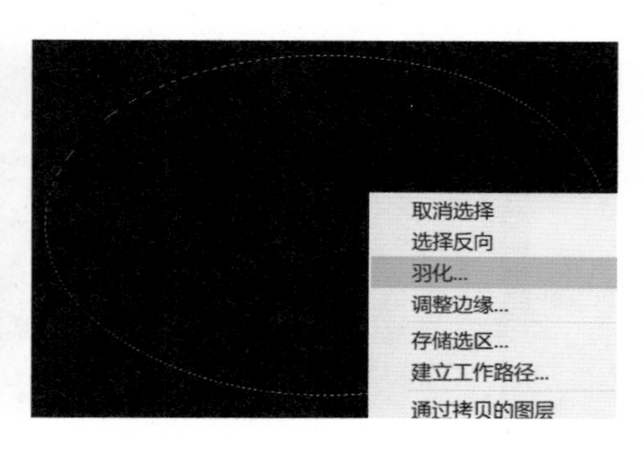

图 2-81 创建选区

图 2-82 羽化选区并删除选区图像

图 2-83 制作暗角最终效果

3. 蒙版

蒙版可以理解为“蒙在上面的板子”，它在创建选区时不会改变原图像，常结合绘画工具和填充工具使用。

蒙版分为快速蒙版、图层蒙版、矢量蒙版、剪贴蒙版四类。

（1）快速蒙版指快速在图像上创建的一个暂时的蒙版效果。按快捷键“Q”即可进入【以快速蒙版模式编辑】状态，常用于精确创建选区，实现对图像的分离处理，可与【画笔工具】配合使用。【以快速蒙版模式编辑】状态下的图像除选区外，其他区域都呈现半透明淡红色，此时对图像进行操作，半透明淡红色区域不会被改变。

【案例七】更换毛毯颜色，如图 2-84 所示。

步骤一：打开文件，设置【画笔工具】大小和笔刷，点击【以快速蒙版模式编辑】，涂抹毛毯区域，如涂出界，可用【橡皮擦工具】擦除，如图 2-85 所示。

步骤二：涂抹完成后，再点击【以快速蒙版模式编辑】，按“Ctrl+Shift+I” 执行【选择反向】命令，按“Ctrl+J” 执行【复制图层】命令，如图 2-86 所示。

步骤三：按“Ctrl+U”调整【色相 / 饱和度】，参数设置和最终效果如图 2-87 所示。

图 2-84 更换毛毯颜色前后对比

图 2-85 打开文件并涂抹毛毯区域

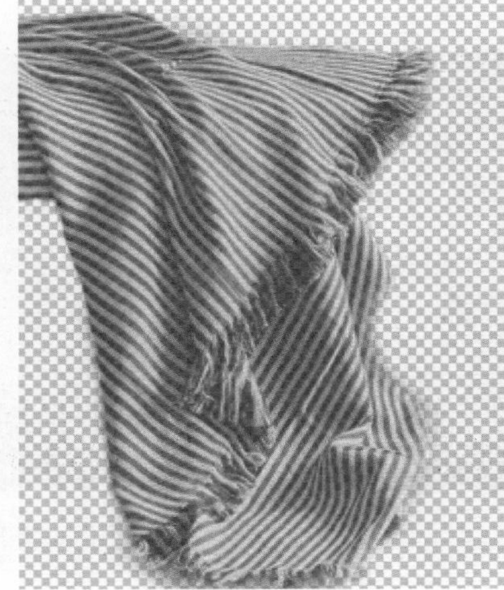

图 2-86 选取毛毯区域

图 2-87 【色相 / 饱和度】参数及更换毛毯颜色最终效果

（2）图层蒙版。从通道角度理解，图层蒙版中白色区域代表被选中的区域，灰色区域则是不透明度在 0% ~ 100% 之间的被选中区域，如图 2-88 所示。给图层添加蒙版后，图层和蒙版之间会有一个链条，如单独修改图层或蒙版，要单击链条使其不显示，选中其中一方修改即可；如同时修改，则要保持链条为显示状态。图层蒙版常结合选区工具、绘画工具和填充工具使用。图层蒙版右键菜单用于编辑该蒙版，可根据实际需要进行选择，如图 2-89 所示。

图 2-88 图层蒙版

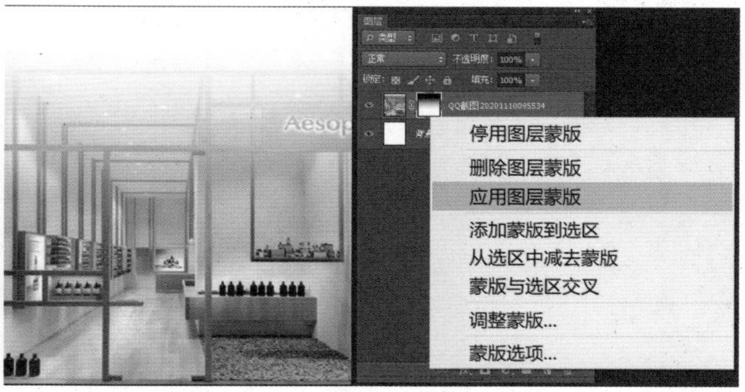

图 2-89 图层蒙版右键菜单

【案例八】更换地毯，如图 2-90 所示。

步骤一：打开文件，用【多边形套索工具】选取地毯区域，如图 2-91 所示。

步骤二：点击菜单栏【选择】-【存储选区】，如图 2-92 所示。

步骤三：置入“地毯贴图”，按住“Ctrl”，单击“地毯”通道，点击【将通道作为选区载入】，如图 2-93 所示。

步骤四：给“地毯贴图”图层添加图层蒙版，如图 2-94 所示。

步骤五：单击链条，再单击图层缩览图；按“Ctrl+T”，再按住“Ctrl”执行透视变换；调整完成后，按“Enter”确认，如图 2-95 所示。

步骤六：在图层右键菜单中点击【栅格化图层】，再将图层混合模式设置为【柔光】，最终效果如图 2-96 所示。

图 2-90 更换地毯前后对比

图 2-91 打开文件并选取地毯区域

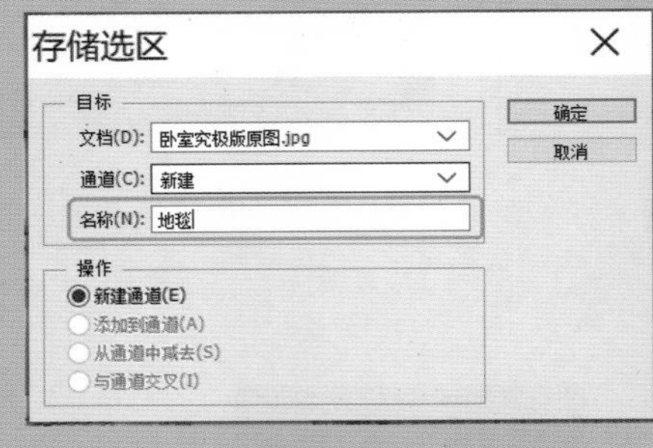

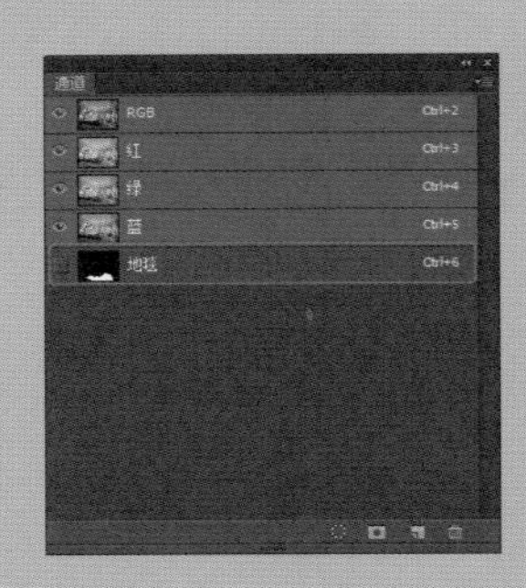

图 2-92 存储选区

图 2-93 置入贴图并载入选区

图 2-94 添加图层蒙版

图 2-95 调整贴图

图 2-96 更换地毯最终效果

（3）矢量蒙版是用矢量图绘制工具创建的路径来控制图像显示区域的蒙版，它可任意缩放而不会产生锯齿。常用的矢量图绘制工具有【矩形工具】、【自定形状工具】和【钢笔工具】等。创建路径后，点击菜单栏【图层】-【矢量蒙版】-【当前路径】即可创建矢量蒙版，如图 2-97 所示。

（4）剪贴蒙版通过下方图层中图像的形状和不透明度控制上方图层中图像的显示区域和显示效果。它最大的优点是可以用一个图层来控制多个图层，而图层蒙版与矢量蒙版都只能控制一个图层。创建剪贴蒙版有两种方法，一是选中要添加蒙版的图层，点击菜单栏【图层】-【创建剪贴蒙版】，如图 2-98 所示；二是将要添加蒙版的图层置于“图案”图层上方，将光标移至两图层之间，按住“Alt”，光标呈 时单击鼠标，如图 2-99 所示。

图 2-97 矢量蒙版

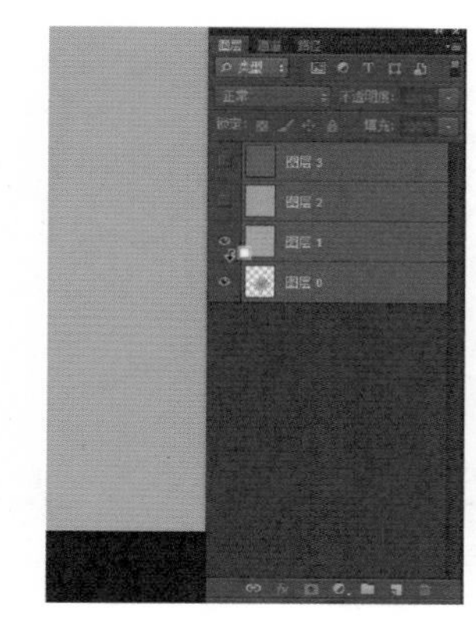

图 2-98 创建剪贴蒙版方法一

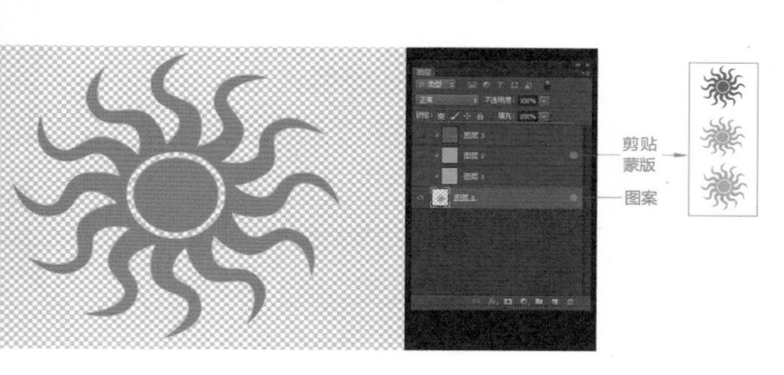

图 2-99 创建剪贴蒙版方法二

4. 路径

在 Photoshop 中，路径是使用贝赛尔曲线构成的闭合或者开放的任意形状的曲线。它可描绘物体的轮廓，分为开放路径和闭合路径；也可以转换为选区。路径并不是图形，所以无法直接输出；对路径进行一些处理，例如描边、填充等，使其成为图形之后才可以输出。编辑路径的工具和【路径】面板如图 2-100 所示。

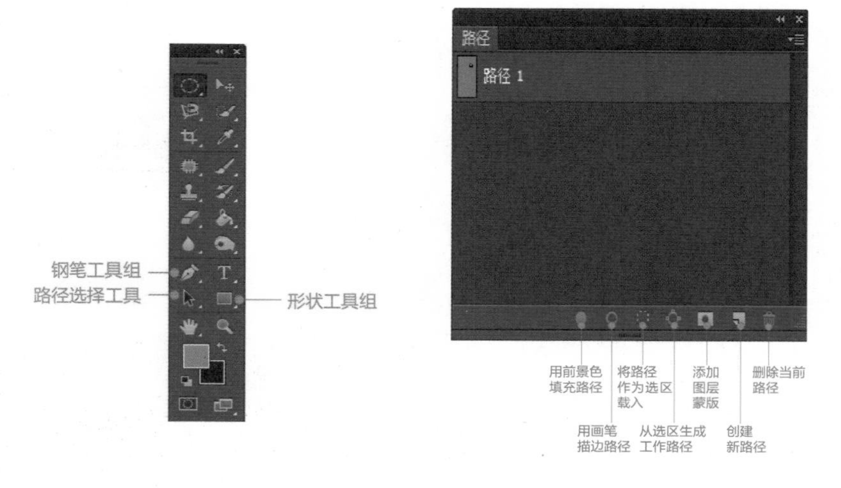

图 2-100 编辑路径的工具和【路径】面板

创建路径的工具包括【钢笔工具组】和【形状工具组】，它们用法相似，可以结合使用。

（1）【钢笔工具组】包括五个子工具，快捷键为“P”，如图 2-101 所示。可用于绘制任意形状的路径，还可用于描绘物体轮廓。绘制开放路径时，按住“Ctrl”，点击图像空白处，可结束绘制路径操作。【钢笔工具组】常与【画笔工具】结合绘制中间粗、两边细的线条，效果及参数设置如图 2-102 所示。

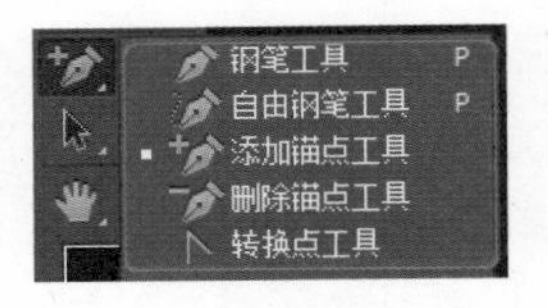

图 2-101 【钢笔工具组】

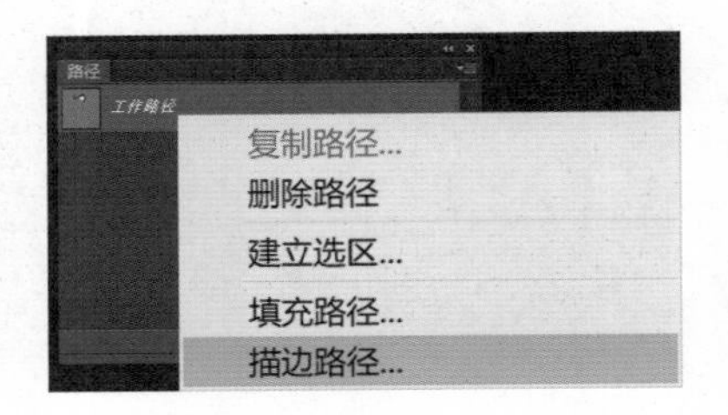

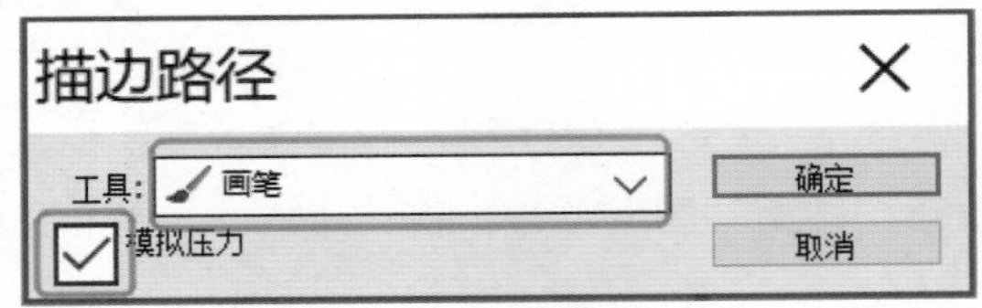

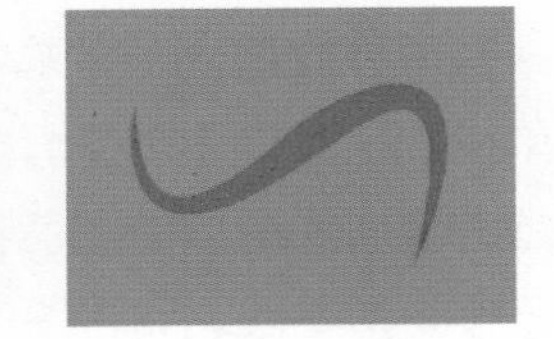

图 2-102 【钢笔工具组】与【画笔工具】结合绘制线条

描绘有弧度的物体轮廓时，先用【钢笔工具】沿物体转折处绘画，用【添加锚点工具】在中间加锚点，松开鼠标，再点击已添加的锚点，将其推到对应的位置，如图 2-103 所示。

图 2-103 描绘物体轮廓

如锚点出错，可以使用【转换点工具】转换锚点，再结合【添加锚点工具】和【删除锚点工具】调整，如图 2-104 所示。

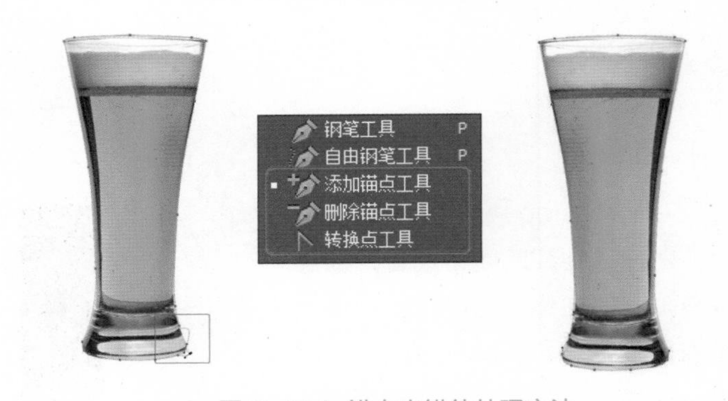

图 2-104 锚点出错的处理方法

（2）【形状工具组】包括六个子工具，按快捷键“U”“Shift+U”可切换这六个子工具。其属性栏中可选择【形状】、【路径】和【像素】，如图 2-105 所示。

选【形状】，则绘制用前景色填充的路径。

选【路径】，则绘制无颜色填充的路径。

选【像素】，则绘制用前景色填充的图形，不生成路径。

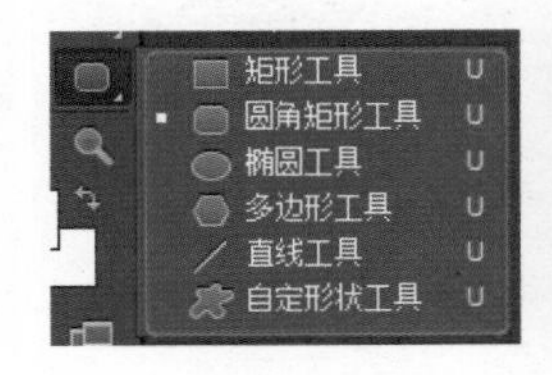

图 2-105 【形状工具组】和【圆角矩形工具】属性栏

【案例九】自制装饰画，如图 2-106 所示。

图 2-106 自制装饰画最终效果

步骤一：新建文件，命名为“自制装饰画”，参数设置如图 2-107 所示。

步骤二：置入“叶子”，执行【栅格化图层】命令，用【魔棒工具】选中“叶子”图层的白色区域，执行【选择反向】命令，按“Delete”删除白色区域，再按“Ctrl+D”取消选区，如图 2-108 所示。

步骤三：按住“Ctrl”，单击“叶子”图层缩览图，使叶子图像载入选区，如图 2-109 所示。

步骤四：单击【路径】面板，点击【从选区生成工作路径】，如图 2-110 所示。

步骤五：用【路径选择工具】点击路径将其激活，再用【钢笔工具】修改，如图 2-111 所示。

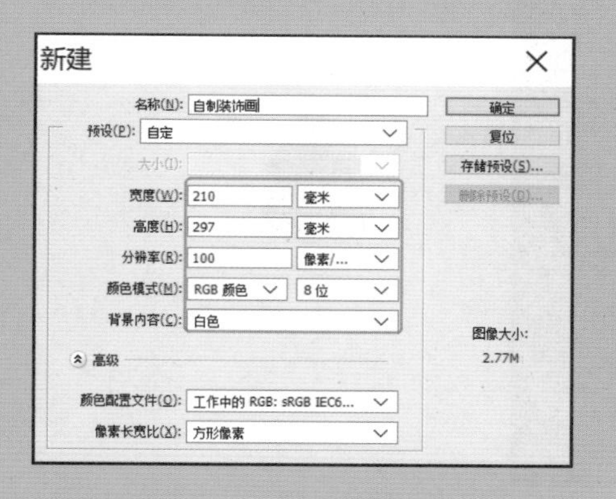

图 2-107 新建文件

图 2-108 选取叶子区域

图 2-109 载入选区

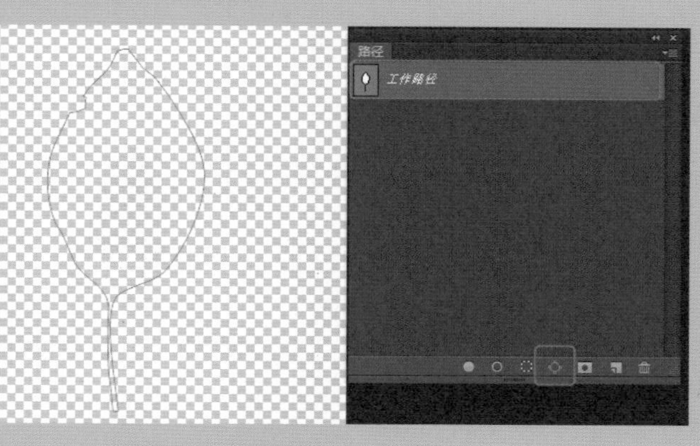

图 2-110 生成路径

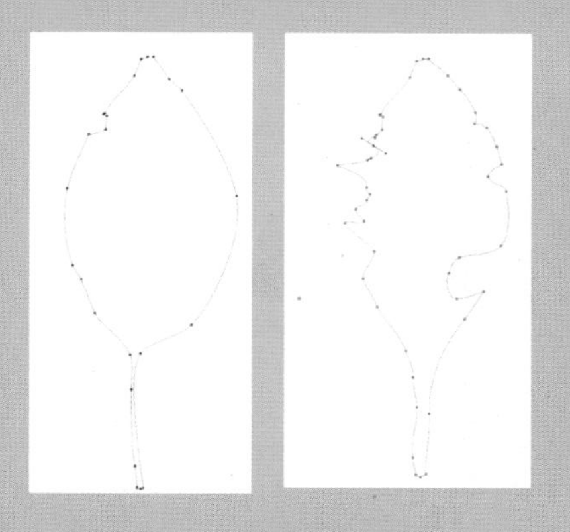

图 2-111 激活路径并修改

步骤六：置入“自制装饰画贴图”，如图 2-112 所示。

步骤七：点击菜单栏【图层】-【矢量蒙版】-【当前路径】，如图 2-113 所示。

步骤八：点击【创建新路径】，用【自定形状工具】绘制画框，如图 2-114 所示。

步骤九：新建“图层 1”，在【路径】面板的画框路径右键菜单中点击【填充路径】，如图 2-115 所示。

步骤十：新建“图层 2”，填充颜色，并创建剪贴蒙版，如图 2-116 所示。

步骤十一：置入“自制装饰画贴图 2”，创建剪贴蒙版，将图层混合模式改为【柔光】，如图 2-117 所示。

步骤十二：给“图层 1”添加图层样式【斜面和浮雕】，如图 2-118 所示。

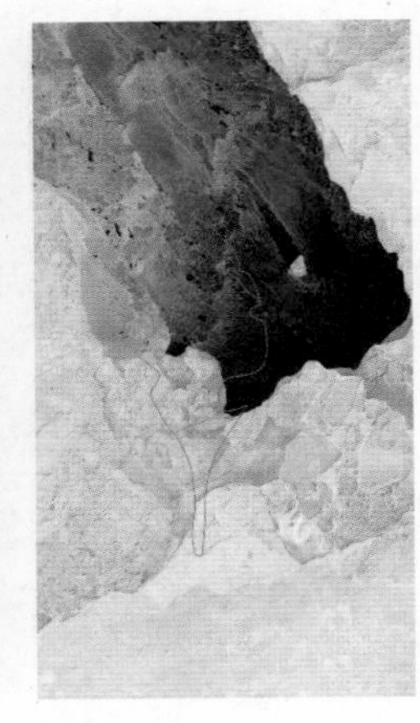

图 2-112 置入贴图

图 2-113 创建矢量蒙版

图 2-11 绘制画框

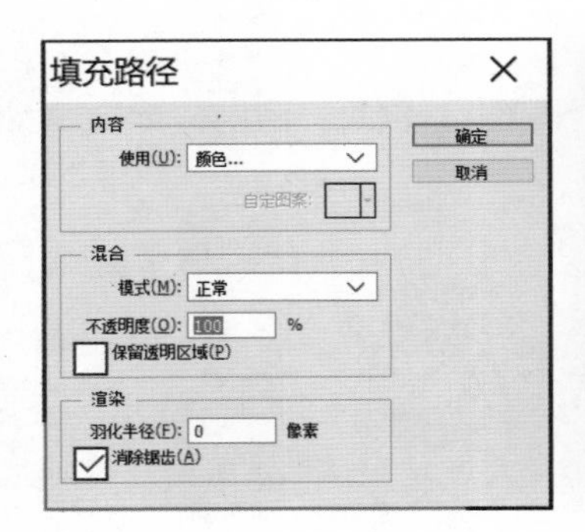

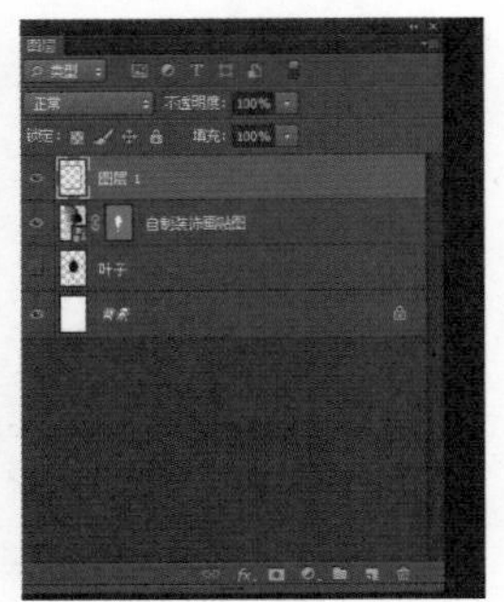

图 2-115 填充路径

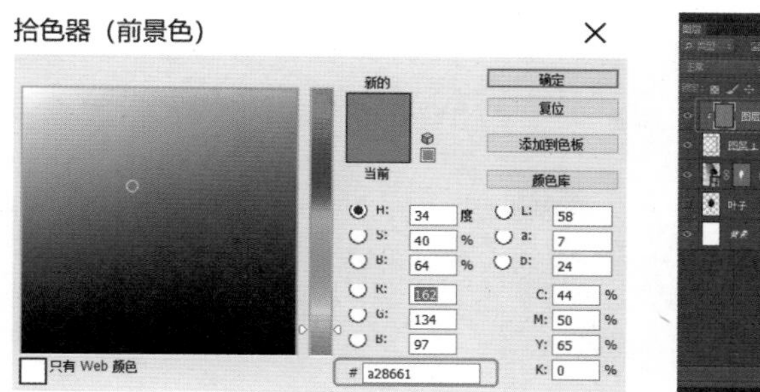

图 2-116　创建剪贴蒙版

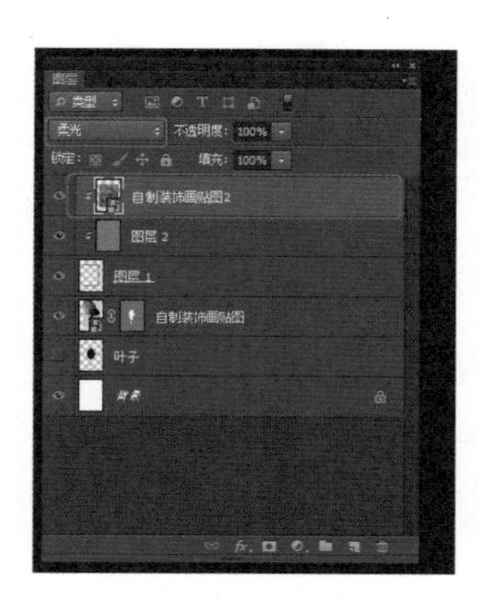

图 2-117　再次置入贴图并创建剪贴蒙版

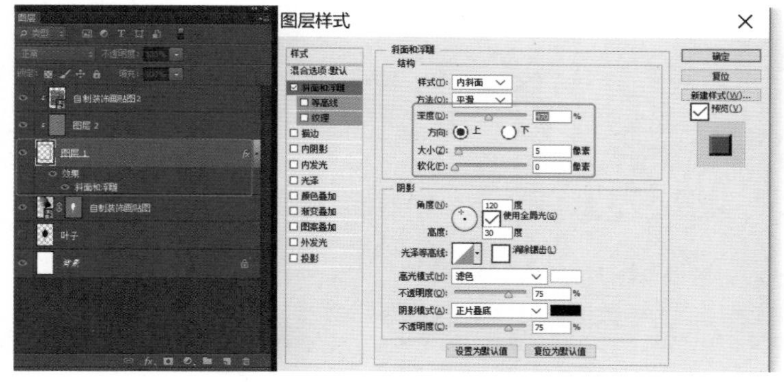

图 2-118　添加图层样式

三、学习任务小结

通过本次课的学习，同学们已经了解了选区、蒙版、路径的使用方法；初步掌握了利用选区、蒙版和路径选取图像，并添加到室内设计效果图中的方法。课后，同学们要反复练习选区、蒙版、路径的使用方法，熟悉它们的应用技巧。

四、课后作业

运用选区、蒙版、路径，完成 1 张建筑外观效果图的合成。

绘画及图像修饰工具的使用

教学目标

（1）专业能力：了解绘画及图像修饰工具的使用方法和技巧。

（2）社会能力：让学生学会关注图像的本质，提高学生的审美能力。

（3）方法能力：信息和资料收集能力，案例分析能力，素材提炼能力。

学习目标

（1）知识目标：掌握绘画及图像修饰工具的使用方法。

（2）技能目标：能灵活运用绘画及图像修饰工具进行图像的修饰与美化。

（3）素质目标：理论学习结合实践操作，提高动手能力。

教学建议

1. 教师活动

（1）教师讲解和示范绘画及图像修饰工具的使用方法。

（2）引导学生分析并灵活应用绘画及图像修饰工具在实际案例中的操作方法及步骤。

2. 学生活动

（1）认真听课，仔细观看教师示范，进行课堂实训，提高动手能力。

（2）积极参与课堂讨论，激发自主学习的能力。

扫描二维码，看绘画及图像修饰工具的详细使用方法

一、学习问题导入

各位同学，大家好！ Photoshop 中绘画及图像修饰工具很多，室内设计领域常使用这些工具添加光效、去除水印、修复瑕疵、更换软装色彩、制作材质贴图、绘制电脑手绘效果图等，如图 2-119 ~图 2-122 所示。

图 2-119 Photoshop 添加光效

图 2-120 Photoshop 去除水印

图 2-121 Photoshop 制作材质贴图

图 2-122 Photoshop 绘制电脑手绘效果图

二、学习任务讲解

1. 设置颜色

图像表达离不开颜色，使用Photoshop的画笔、文字、渐变、填充、蒙版、描边等编辑图像时，都要设置颜色，Photoshop中有多种设置颜色的方法。

（1）方法一：点击工具箱下方的前景色和背景色设置按钮。前景色常用于绘画、填充和描边等；背景色常用于生成渐变填充和填充已抹除的区域。默认前景色为黑色，背景色为白色。点击前景色会弹出【拾色器（前景色）】对话框，如图2-123所示。在【拾色器（前景色）】对话框中，可以选择HSB、RGB、Lab或CMYK颜色模式来指定颜色，如图2-124所示。

（2）方法二：用【吸管工具】点击当前图像的任意位置吸取的颜色为前景色，如图2-125所示；按住“Alt”点击任意位置吸取的颜色为背景色。

（3）方法三：点击菜单栏【窗口】-【颜色】，在调出的【颜色】面板中调整前景色和背景色，如图2-126所示。

【色板】面板有多种配色方案，如图2-127所示；也能将自定义配色方案添加到【色板】面板里以便于操作，如图2-128所示。

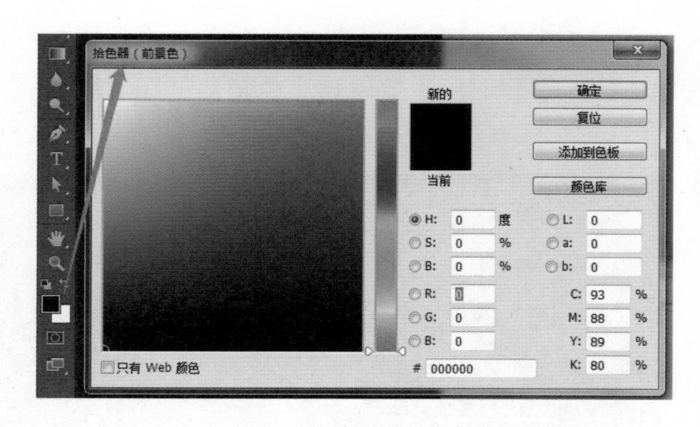

图2-123 【拾色器（前景色）】对话框

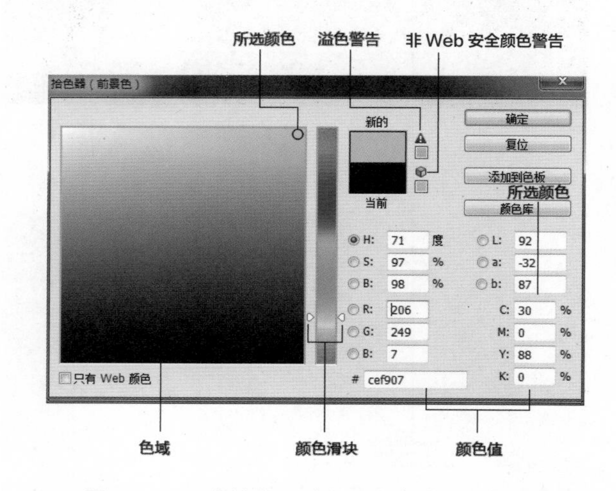

图2-124 【拾色器（前景色）】对话框详解

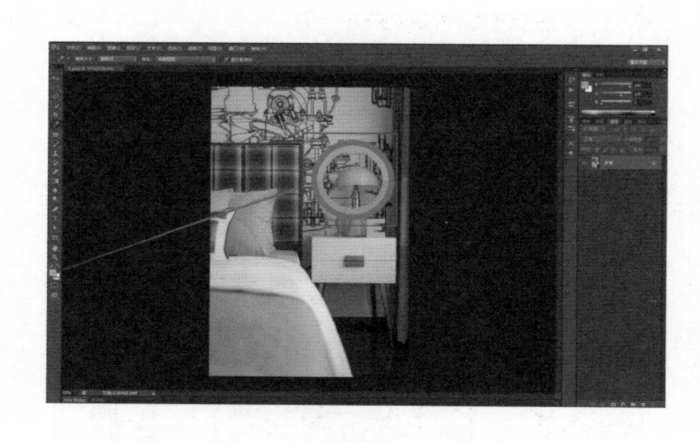

图2-125 用【吸管工具】设置前景色

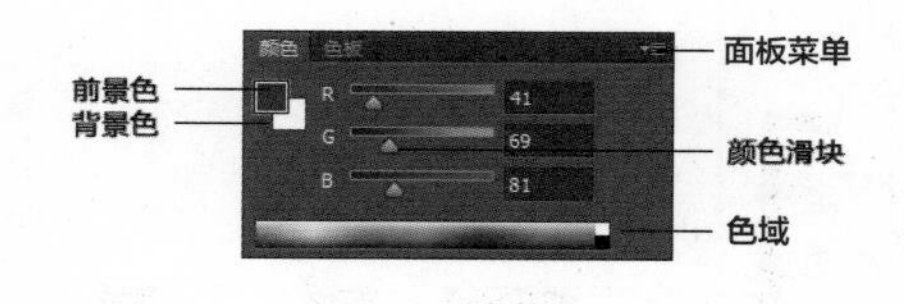

图2-126 【颜色】面板

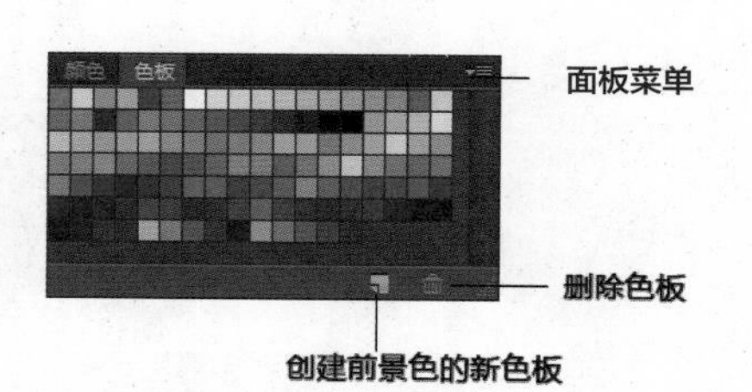

图2-127 【色板】面板

图2-128 自定义色板

2. 绘画工具

在 Photoshop 中，绘画工具主要有【画笔工具】和【铅笔工具】两种，这两种工具都是以前景色为基础进行图像绘制的。在工具属性栏里可以对其进行设置，以呈现不同的笔触效果，还可以导入各式各样的笔刷，实现丰富的绘画表现。

（1）【画笔工具】 快捷键是“B”，按住“Shift”可画直线，按住“Alt”可快速吸取颜色以调整画笔颜色。常用于修饰、绘画、上色等，其属性栏如图 2-129 所示，可以设置各项参数，以调节绘制效果。

图 2-129 【画笔工具】属性栏

【画笔预设】：设置画笔的大小、硬度、样式等，通过其下拉菜单可载入更多画笔，如图 2-130 所示。

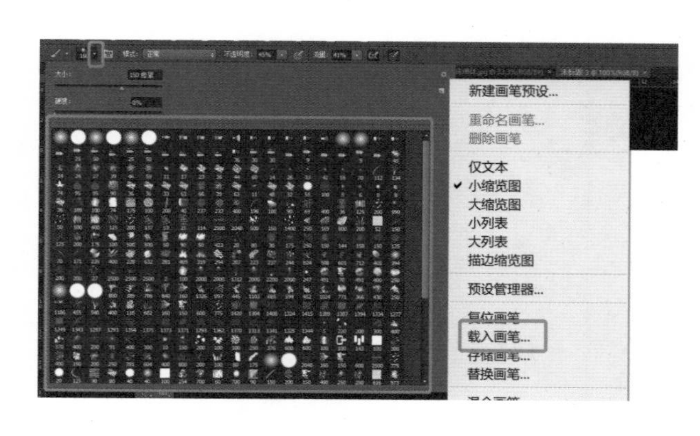

图 2-130 【画笔预设】下拉菜单

【模式】：选择绘画区域与下方图层的混合模式。

【不透明度】：调整画笔颜色的不透明度。

【流量】：设置画笔压力，压力越大，颜色越深。

【案例一】制作手绘效果的柜子。

步骤一：新建一个 2450 像素 ×2780 像素的文件，按“Ctrl+Shift+N”新建图层；将前景色设置为黑色，点击【画笔工具】，将画笔大小设置为 4 像素，具体参数如图 2-131 所示；画出柜子的线稿，如图 2-132 所示。

图 2-131 设置画笔参数

图 2-132 画出柜子线稿

图 2-133 涂抹柜子颜色

图 2-134 调整画笔参数

步骤二：新建图层，调整画笔大小，将前景色设置为“R:75，G:56，B:46”，涂抹柜子颜色，如图 2-133 所示。

步骤三：新建图层，将前景色设置为“R:53，G:36，B:23”，画笔大小设置为 10 像素，具体参数如图 2-134 所示；画出柜子细节，如图 2-135 所示。

步骤四：新建图层，继续完善细节，最终效果如图 2-136 所示。

图 2-135 画出柜子细节

图 2-136 手绘效果的柜子

（2）【铅笔工具】 快捷键是“B”，按住“Shift”可画直线，按住“Alt”可快速吸取颜色以调整铅笔颜色，其属性栏如图 2-137 所示。画笔与铅笔的区别在于画笔可以调整柔和度，铅笔不可以；画笔笔触较软，铅笔笔触较硬，如图 2-138 所示。

模式：正常　不透明度：100%　自动抹除

图 2-137 【铅笔工具】属性栏

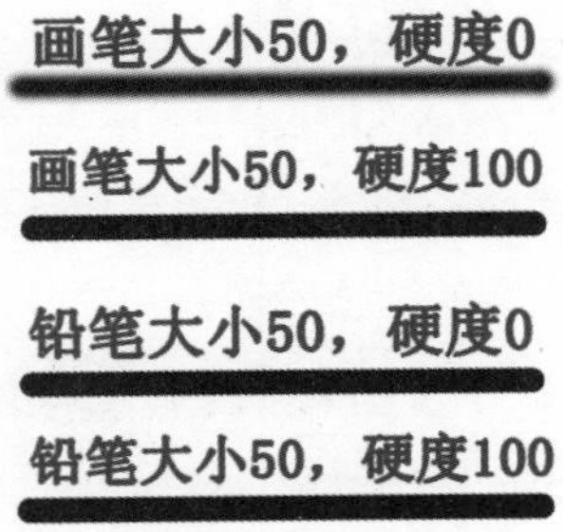

画笔大小50，硬度0

画笔大小50，硬度100

铅笔大小50，硬度0

铅笔大小50，硬度100

图 2-138 画笔与铅笔的区别

【案例二】：将无缝砖制作成有缝砖。

步骤一：打开一张大理石素材图片，如图 2-139 所示。

步骤二：点击【铅笔工具】，设置铅笔大小为 4 或 5 像素，设置前景色为深色，按住“Shift”在素材最左和最下方画直线，如图 2-140 所示。

步骤三：新建文件，将大理石素材置入，点击【移动工具】，按住“Ctrl+Alt”，结合使用“Shift”制作如图 2-141 所示的效果。

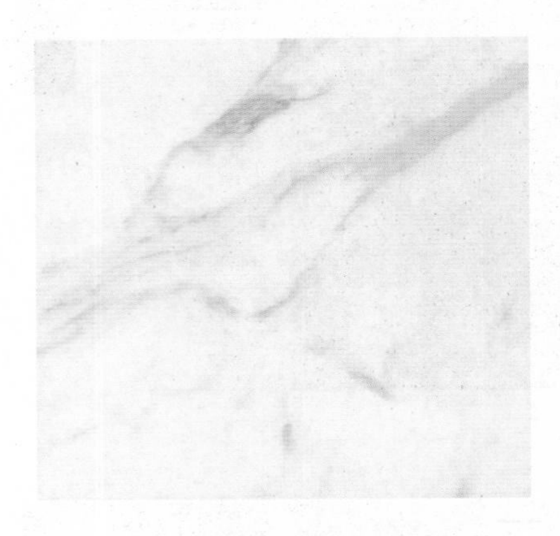

图 2-139 大理石素材图片

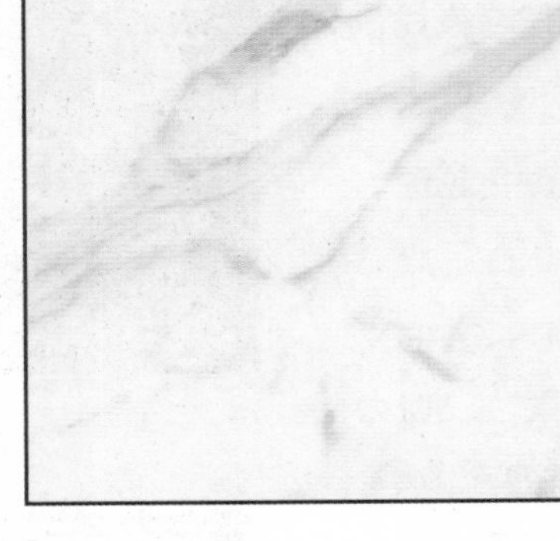

图 2-140 用【铅笔工具】画直线

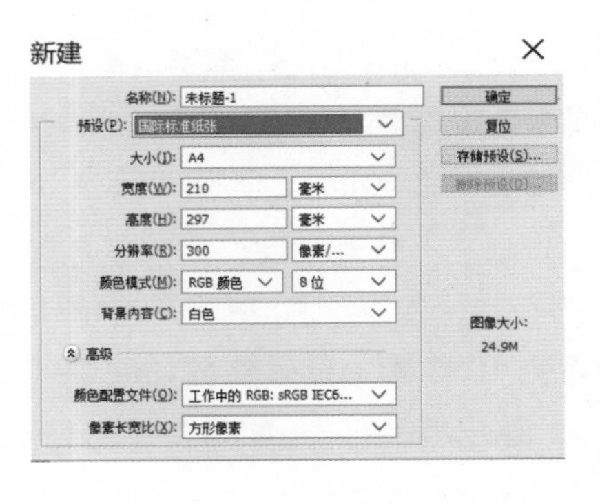

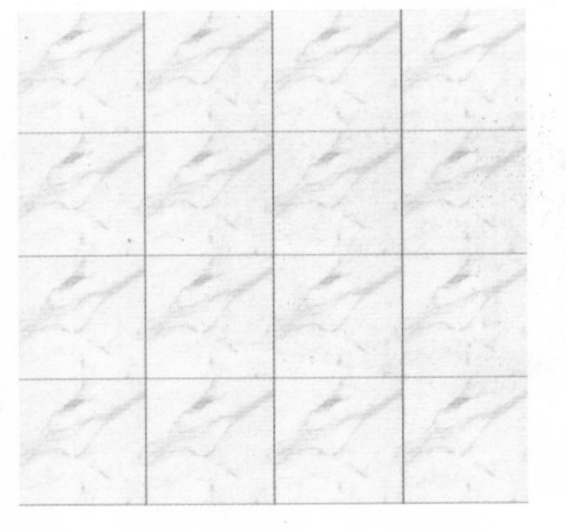

图 2-141 完成有缝砖制作

（3）自定义画笔。

【案例三】：制作自定义画笔（雪花）。

步骤一：打开一张天空图片，如图 2-142 所示。

步骤二：置入一个雪花图案，如图 2-143 所示；选中雪花图层，隐藏天空图层，点击菜单栏【编辑】-【定义画笔预设】，如图 2-144 所示；输入画笔名称，点击【确定】，如图 2-145 所示。

步骤三：新建图层，点击【画笔工具】，将前景色设置为白色，在画笔预设中找到并点击上一步定义的画笔，如图 2-146 所示；灵活调整画笔大小，绘制如图 2-147 所示的效果。

图 2-142 打开天空图片

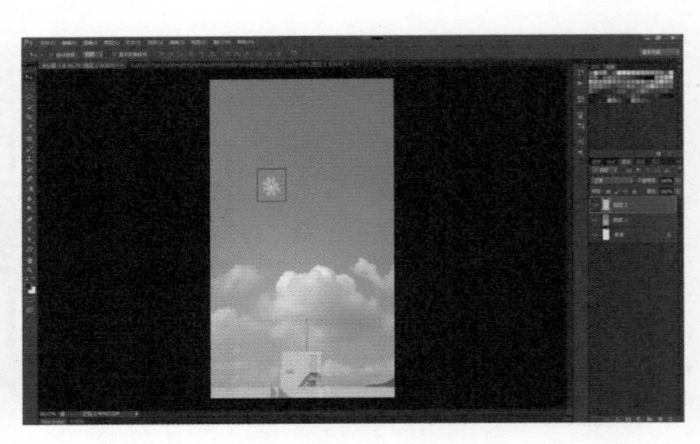

图 2-143 置入雪花图案

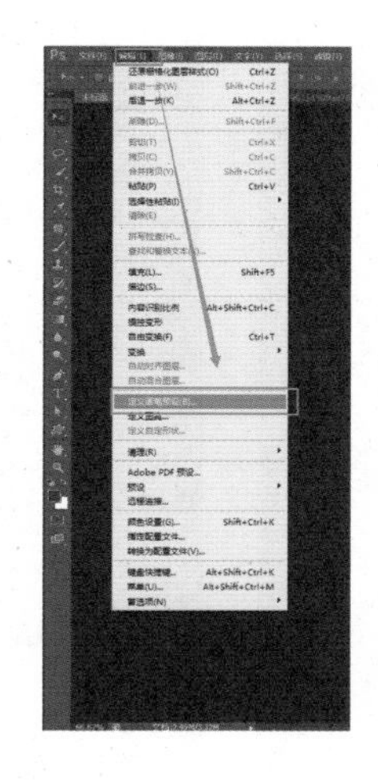

图 2-144 点击【定义画笔预设】

图 2-145 输入画笔名称

（4）【画笔】面板。

点击菜单栏【窗口】-【画笔】，或点击【画笔工具】属性栏中【切换画笔面板】按钮，或按快捷键“F5”，均可调出【画笔】面板对画笔进行更细致的调节，如图 2-148 所示。

【画笔】面板左侧为效果选项，右侧为参数设置区，下侧为效果预览区。点击左侧的【画笔笔尖形状】，可在右侧改变画笔大小、角度、硬度、间距等属性；其中，具有绘画效果的画笔参数设置区与其他的不同，如图 2-149 所示。【角度】是椭圆的倾斜角，当【圆度】为 100% 时，【角度】就没有意义，如图 2-150 所示。【圆度】是椭圆短轴与长轴的比例，当【圆度】为 100% 时是正圆，当【圆度】为 0% 时是最扁平的椭圆。【间距】是每两个椭圆的圆心距离，间距越大，椭圆之间的距离也越大，如图 2-151 所示。

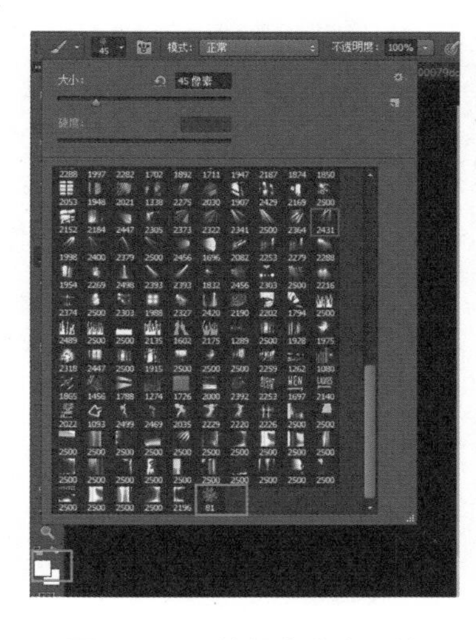

图 2-146 选择自定义画笔

图 2-147 最终效果

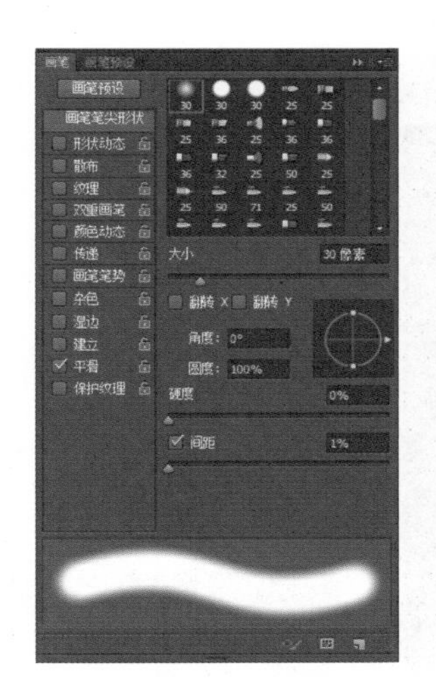

图 2-148【画笔】面板

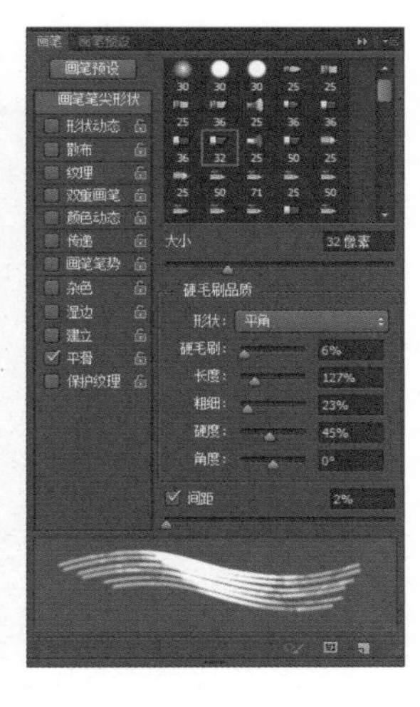

图 2-149【画笔笔尖形状】

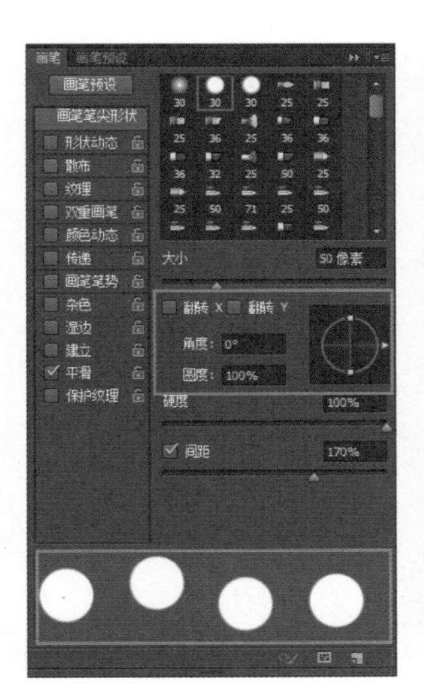
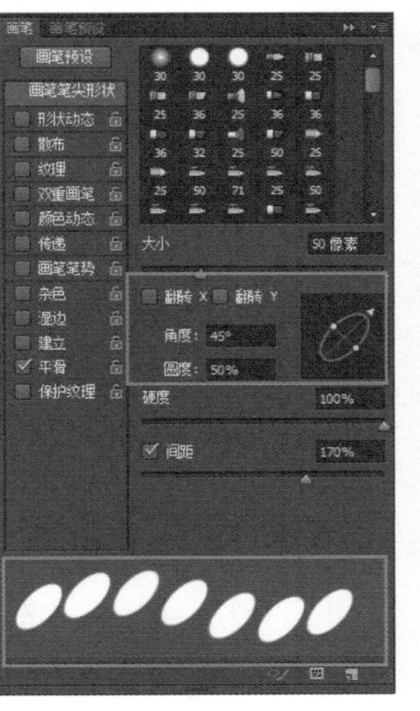

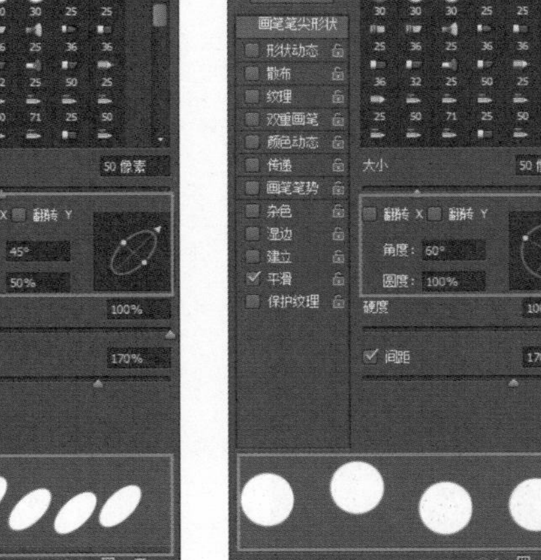

图 2-150 不同【角度】和【圆度】下的椭圆效果

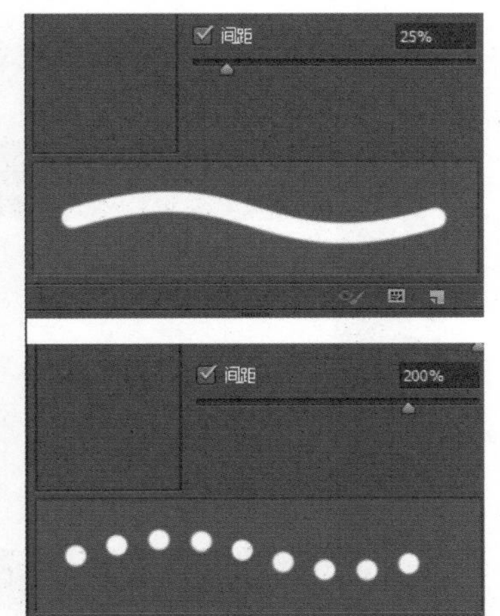

图 2-151 【间距】选项

【形状动态】：调整画笔笔尖形状变化。【大小抖动】可以理解为笔尖大小随机且无规律变化，其数值越大，椭圆之间的大小差异就越大，如图 2-152 所示，抖动效果就越明显。

【散布】：使画笔呈现随机分布效果，其数值越大，分布的范围越广，如图 2-153 所示。

【纹理】：使画笔中包含图案预设窗口中的纹理，如图 2-154 和图 2-155 所示。

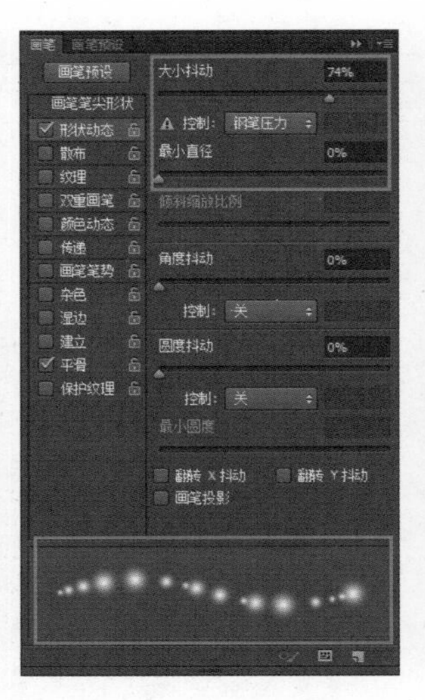

图 2-152 【形状动态】

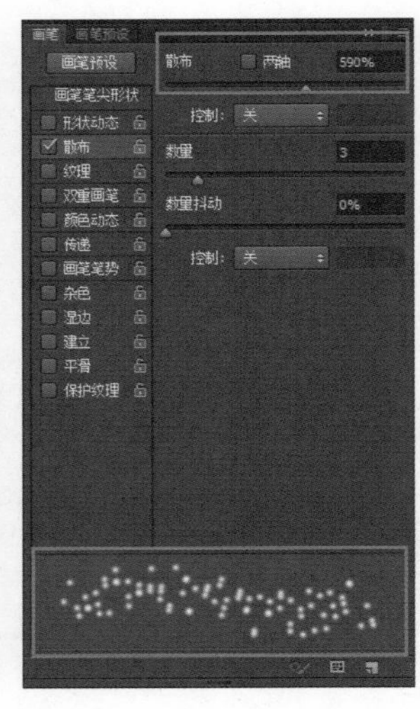

图 2-153 【散布】

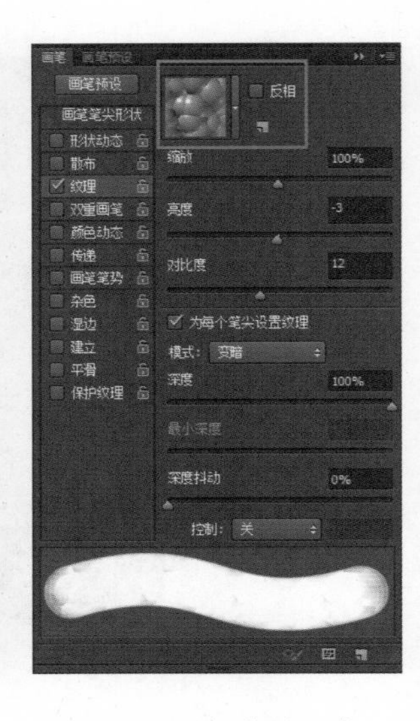

图 2-154 【纹理】

图 2-155 使用【纹理】前后效果对比

【双重画笔】：使两个画笔混合。在【画笔笔尖形状】中选择主画笔，然后在【双重画笔】中选择第二个画笔，即可将第二个画笔混合到主画笔中，形成具有混合效果的画笔，如图 2-156 所示。

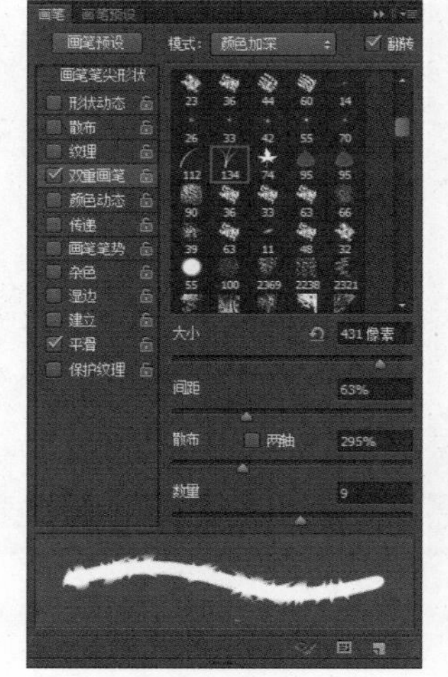

图 2-156 使用【双重画笔】前后效果对比

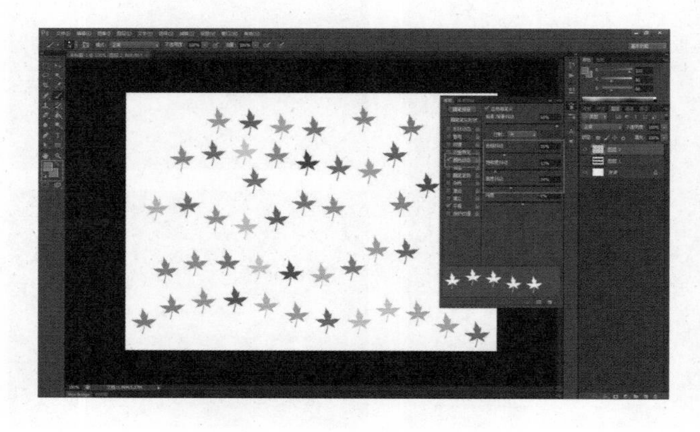

图 2-157 【颜色动态】

【颜色动态】：使画笔颜色随机变换。如图 2-157 所示，前景色和背景色只有两个颜色，但是勾选了【颜色动态】并且调整了参数之后，可以画出不止两种颜色的图案。这是因为抖动效果在一段范围内，而不局限于前景色和背景色。前景色和背景色只是抖动范围的两个端点，而中间一系列过渡色彩都包含在抖动范围中。

【传递】：调整油彩或效果的动态建立。

【画笔笔势】包括【杂色】、【湿边】、【建立】、【平滑】和【保护纹理】五个选项，这五个选项没有参数，在需要使用其效果时，将其勾选即可。【杂色】：使画笔边缘产生杂边，也就是毛刺的效果。【湿边】：将画笔边缘颜色加深，使其呈现水彩笔效果。【建立】：使画笔呈现喷枪效果。【平滑】：使鼠标在快速移动时也能够绘制较平滑的线段。【保护纹理】：将相同图案和缩放比例应用于具有纹理的所有画笔预设中，在使用多个纹理画笔进行绘制时，可以模拟出一致的画布纹理。

3. 橡皮擦工具

【橡皮擦工具】 主要用来擦除多余的图像，如果对背景图层进行擦除，则背景色是什么颜色，擦出来的就是什么颜色。点击工具箱中的【橡皮擦工具】，其属性栏如图 2-158 所示，与【画笔工具】属性栏相似，可以调节橡皮擦大小、硬度、预设、不透明度等，以及选择【画笔】、【铅笔】或【块】三种模式。

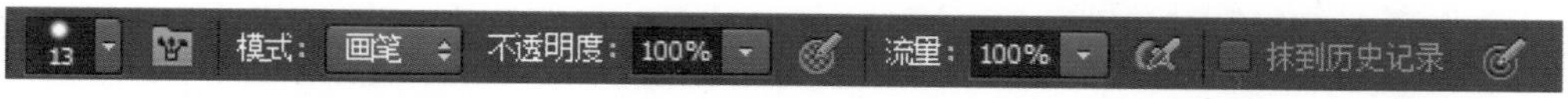

图 2-158 【橡皮擦工具】属性栏

4. 填充工具

填充工具有【油漆桶工具】和【渐变工具】两种，按快捷键“G”“Shift+G”可以切换这两种工具。【油漆桶工具】可以改变图像的颜色，【渐变工具】可以创建渐变颜色。

（1）【油漆桶工具】 属性栏如图 2-159 所示。按“Alt+Delele”可填充前景色，按“Ctrl+Delete”可填充背景色。填充的类型可选【前景】或【图案】，如图 2-160 所示。【模式】与图层模式相同。【不透明度】用于调整填充颜色的透明程度。【容差】表示颜色的相似程度，容差值越大，所能容许颜色有误差的范围就越大。

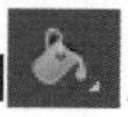

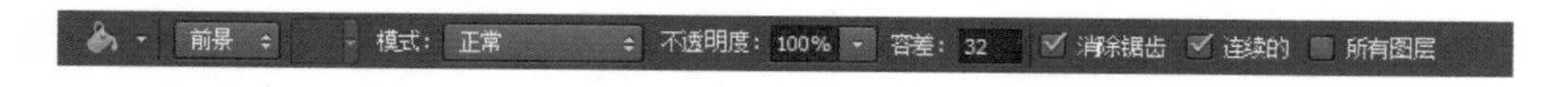

图 2-159 【油漆桶工具】属性栏

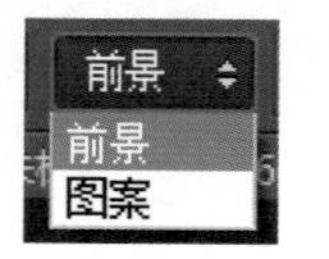

图 2-160 【油漆桶工具】填充类型

（2）【渐变工具】 属性栏如图 2-161 所示。渐变色条 显示当前设置的渐变颜色，单击其右侧的下拉按钮，可以打开【渐变颜色】面板，选取预设的其他渐变颜色，如图 2-162 所示。点击渐变色条，会弹出【渐变编辑器】，用于调整或制作颜色渐变的效果，如图 2-163 所示。调整其中各个色标的位置、颜色、不透明度，可改变颜色渐变的效果，色标是可以自由增加或删除的。

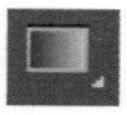

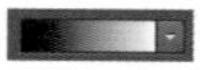

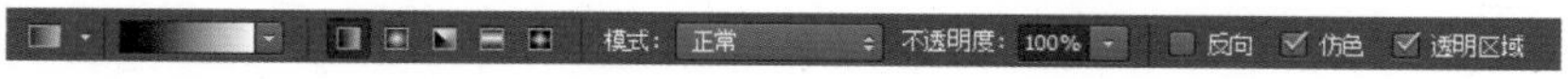

图 2-161 【渐变工具】属性栏

【渐变工具】有五种渐变样式 ，如图 2-164 所示。

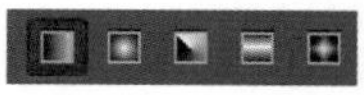

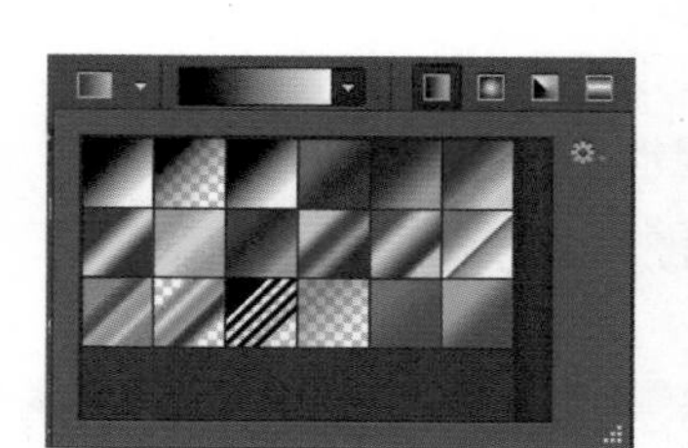

图 2-162 【渐变颜色】面板

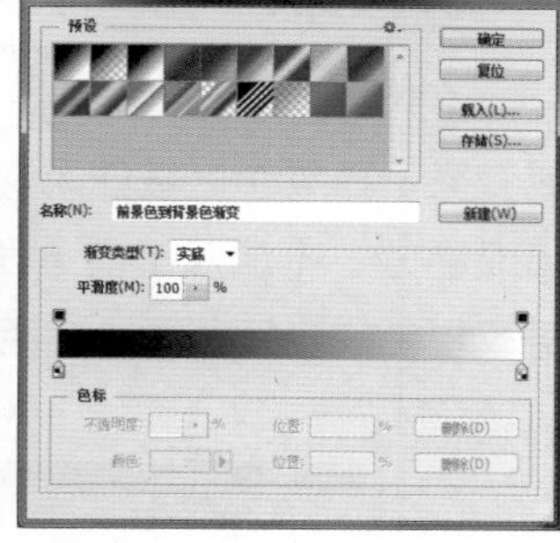

图 2-163 【渐变编辑器】

线性渐变　径向渐变　角度渐变　对称渐变　菱形渐变

图 2-164 五种渐变样式

5. 修复工具

利用 Photoshop 自带的修复工具可以对图像进行修复，以达到美化效果。常用的修复工具有【污点修复画笔工具】、【修复画笔工具】、【修补工具】和【仿制图章工具】。

【仿制图章工具】 快捷键为“S”，可以复制取样的图像，根据涂抹的范围复制全部或部分到其他区域或新的图像中。与【修复画笔工具】类似，要按住“Alt”，单击鼠标进行取样。

【案例四】去除图片上的水印，如图 2-165 所示。

图 2-165 去除图片水印前后对比

步骤一：打开文件，点击【仿制图章工具】，调整其大小，按住“Alt”，在地面区域取样，如图 2-166 所示。

步骤二：松开“Alt”，拖动鼠标在水印上涂抹即可把水印去掉，如图 2-167 所示。

图 2-166 用【仿制图章工具】取样

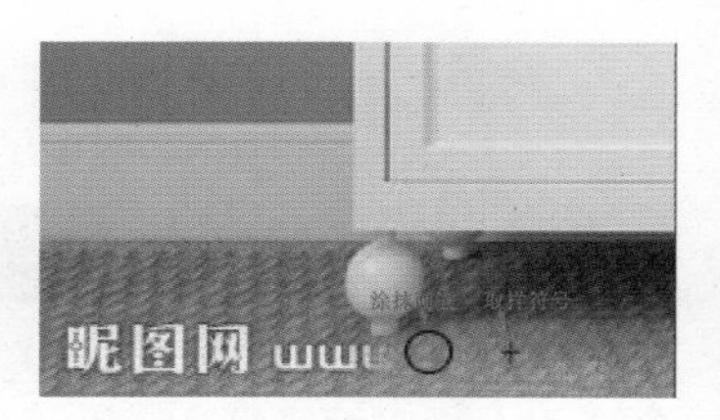

图 2-167 涂抹过程

6. 加深、减淡、海绵工具

（1）【加深工具】 和【减淡工具】 快捷键为“O”，用于调节图像局部的曝光度，可使其变暗或变亮，在某个区域使用次数越多，该区域就会变得越暗或越亮，在室内设计领域可以用于调整室内的光影和暗面部分。【加深工具】属性栏如图 2-168 所示，可以设置大小和硬度，【范围】有三个选项，【中间调】更改灰色的中间范围，【阴影】更改暗区域，【高光】更改亮区域；【曝光度】为曝光程度。

图 2-168 【加深工具】属性栏

（2）【海绵工具】 用于改变局部的色彩饱和度，它不会造成像素的重新分布。

7. 模糊、锐化、涂抹工具

（1）【模糊工具】 和【锐化工具】 用于将局部变模糊或清晰，使图像主体更加突出。【模糊工具】属性栏如图 2-169 所示，可以设置大小和硬度；【强度】越大，模糊或锐化效果越强。

图 2-169 【模糊工具】属性栏

（2）【涂抹工具】 与液化类似，用鼠标涂抹图像，被涂抹区域会变形。【涂抹工具】属性栏如图 2-170 所示，与【模糊工具】属性栏相似，但增加了【手指绘画】，用于设定是否按前景色进行涂抹。

13	模式：正常	强度：50%	对所有图层取样	手指绘画

图 2-170 【涂抹工具】属性栏

三、学习任务小结

通过本次课的学习，同学们已经了解了绘画及图像修饰工具的种类和使用方法，基本掌握了其使用技巧。课后，同学们要多加练习，学会灵活应用这些工具。

四、课后作业

利用【仿制图章工具】完成 1 张人像图和 1 张带水印的室内设计效果图的修复。

图像色彩调整

教学目标

（1）专业能力：掌握图像色彩调整的方法，能根据需要调整效果图的色彩。

（2）社会能力：收集运用 Photoshop 对室内设计效果图进行图像色彩调整的案例，能够运用所学知识分析 Photoshop 调整色彩的原理，并能口头表述其要点。

（3）方法能力：资料收集能力，信息筛选能力，设计案例分析、提炼及表达能力。

学习目标

（1）知识目标：掌握图像色彩调整的方法。

（2）技能目标：能根据需要运用 Photoshop 对室内设计效果图进行色彩调整。

（3）素质目标：能够大胆、清晰地表述自己的色彩调整方案，具备团队协作能力。

教学建议

1. 教师活动

（1）教师通过展示前期收集的运用 Photoshop 对室内设计效果图进行图像色彩调整的案例，让学生对图像色彩调整效果有一个直观的认识。同时，运用多媒体课件、教学视频等多种教学手段，讲授 Photoshop 图像色彩调整的学习要点。

（2）教师示范如何运用 Photoshop 进行图像色彩的调整，并指导学生实训。

2. 学生活动

（1）分组并选出组内优秀的学生作业进行展示和讲解，提高语言表达能力和沟通协调能力。

（2）根据教师示范进行图像色彩调整课堂实训。

一、学习问题导入

各位同学，大家好！请仔细观察图 2-171，这是一张室外商业广场效果图，大家会发现这张图的蓝色调偏多，颜色偏暗淡，应该怎么运用 Photoshop 对这张图进行色彩调整呢？

图 2-171 室外商业广场效果图

二、学习任务讲解

1.【曲线】的使用

【曲线】用途非常广泛，是调整图像色彩的首选工具之一。它不但可以调整图像整体或单个通道，还可以调整图像的任意局部区域。常用于改变物体的色相、对比度、亮度和质感等。

点击菜单栏【图像】-【调整】-【曲线】或按“Ctrl+M”，可打开【曲线】对话框，如图 2-172 所示。其中横坐标代表图像的原色调，纵坐标代表图像调整后的色调，变化范围为 0 ~ 255。单击曲线可在其上创建一个或多个节点，拖动节点可以调整曲线的形状，从而达到调整图像色彩的目的。【曲线】对话框中常用设置选项的作用见表 2-1。

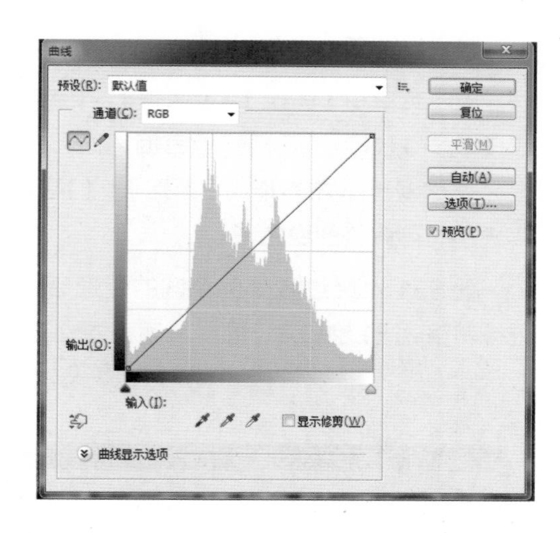

图 2-172 【曲线】对话框

表 2-1 【曲线】对话框中常用设置选项的作用

设置选项	作用
【通道】	单击其右侧按钮，可从弹出的下拉菜单中选择颜色通道
吸管工具	单击图像可选取颜色
【显示数量】	设置“输入”与“输出”值的显示方式有两种：一种是“光（0 ~ 255）”（绝对值），另一种是“颜料 / 油墨%”（百分比）
【显示】	【通道叠加】：同时显示不同颜色通道的曲线。 【基线】：显示一条浅灰色的基准线。 【直方图】：在网格中显示灰色的直方图。 【交叉线】：在改变曲线形状时，显示被拖动节点的垂直和水平方向的参考线

用【曲线】调整图 2-171 图像色彩的具体操作为：打开【曲线】对话框，选择蓝通道，调整曲线，把蓝色调减少，如图 2-173 所示。

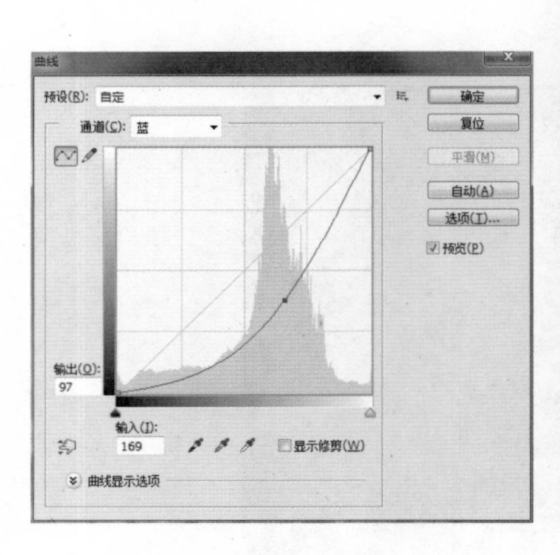

图 2-173 用【曲线】调整图像色彩

2.【色相 / 饱和度】的使用

【色相 / 饱和度】可以用来调整图像整体的颜色或单个颜色的色相、饱和度和明度，从而改变图像色彩，也可以为黑白图片上色。

图 2-174 【色相 / 饱和度】对话框

点击菜单栏【图像】-【调整】-【色相 / 饱和度】，或按“Ctrl+U”，可打开【色相 / 饱和度】对话框，如图 2-174 所示，左右拖动【色相】、【饱和度】和【明度】滑块，即可调整图像色彩。

图 2-171 经过减少蓝色调的处理后，还要对饱和度进行调整，把【饱和度】的滑块调到“+37”，如图 2-175 所示。

图 2-175 用【色相 / 饱和度】调整图像色彩

3.【色阶】的使用

【色阶】通过调整图像的阴影、中间调和高光来调整图像色彩。点击菜单栏【图像】-【调整】-【色阶】或按“Ctrl+L”，可打开【色阶】对话框，如图 2-176 所示。因为图像整体偏暗，所以适当拖动滑块使图像变亮，如图 2-177 所示。【色阶】对话框中常用设置选项的作用见表 2-2。

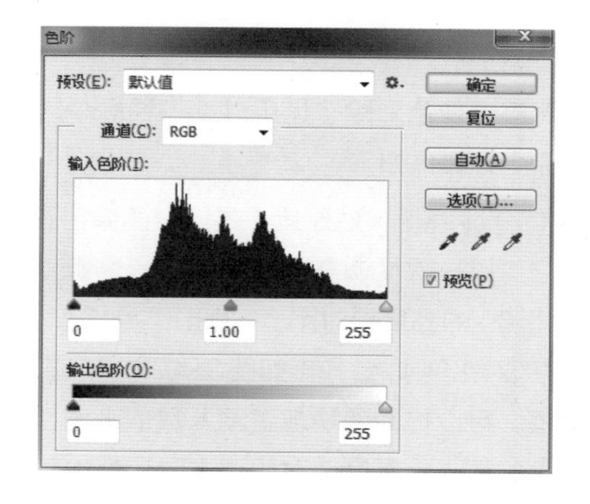

图 2-176 【色阶】对话框

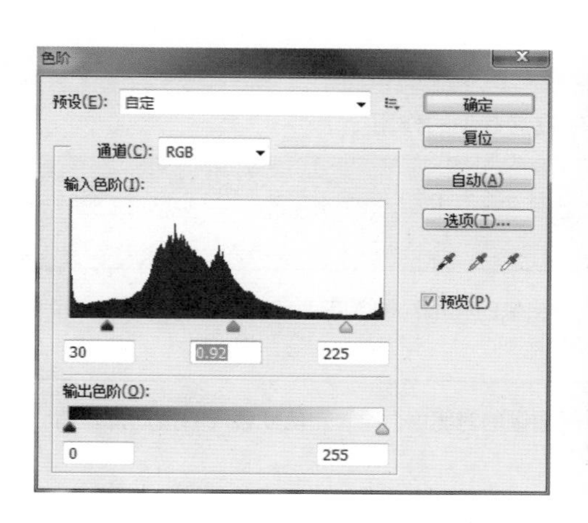

图 2-177 用【色阶】调整图像色彩

表 2-2 【色阶】对话框中常用设置选项的作用

设置选项	作用
【通道】	用于选择要调整的颜色通道
直方图	直方图位于对话框中间，横轴表示亮度（最左边是全黑，最右边是全白），纵轴表示处于某个亮度范围的像素数量。如果大部分像素集中于黑色区域，图像整体会较暗；如果大部分像素集中于白色区域，图像整体会偏亮
滑块	直方图的下方有三个滑块。拖动最左边滑块，会使较暗的像素变为黑色，从而提高图像暗调区域的对比度；拖动最右边滑块，可使较亮的像素变成白色，从而提高图像高光区域的对比度；拖动中间滑块，可以调整中间色调像素的亮度，其中，向右拖动可以使中间色调变暗，向左拖动可以使中间色调变亮
【输入色阶】	包括三个编辑框，从左向右第一个用于设置暗部色调，第二个用于设置中间色调，第三个用于设置亮部色调。编辑框中的数值与三个滑块的位置对应
【输出色阶】	用于限定图像亮度的变化范围，一般为 0 ~ 255。移动渐变条下的左滑块可使较暗的像素变亮，移动右滑块可以使较亮的像素变暗。编辑框中的数值与两个滑块的位置对应
【自动】	单击该按钮，可以应用 Photoshop 自动调色的功能来调整图像
【选项】	单击该按钮可打开【自动颜色校正选项】对话框以设置阴影、中间调和高光的色值等

4. 其他

调整图像色彩除了运用以上三种命令之外，还可以运用其他命令，具体如下。

（1）【亮度 / 对比度】是调整图像色彩最简单的方法之一，它可以一次性调整图像中的所有像素（包括高光、阴影和中间调）的亮度和对比度。点击菜单栏【图像】-【调整】-【亮度 / 对比度】，会弹出如图 2-178 所示的【亮度 / 对比度】对话框，可以拖动滑块或者输入数值来调整【亮度】和【对比度】的值。【亮度 / 对比度】对话框中常用设置选项的作用见表 2-3。

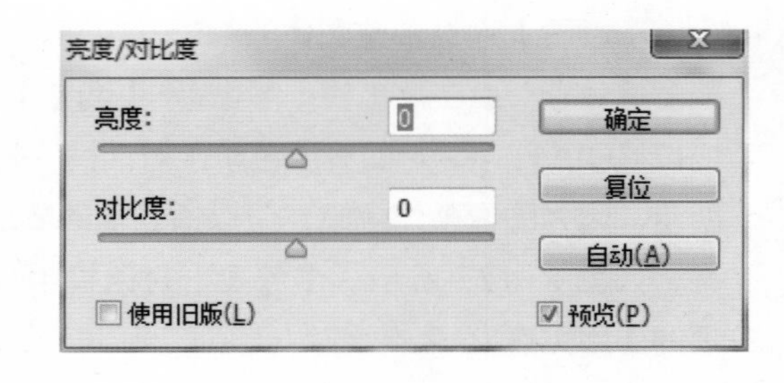

图 2-178 【亮度 / 对比度】对话框

表 2-3 【亮度 / 对比度】对话框中常用设置选项的作用

设置选项	作用
【亮度】	在编辑框中输入负值或者向左拖动滑块时，可降低图像的亮度；输入正值或者向右拖动滑块时，可提高图像的亮度；当值为 0 时，图像没有变化
【对比度】	在编辑框中输入负值或者向左拖动滑块时，可降低图像的对比度；输入正值或者向右拖动滑块时，可提高图像的对比度；当值为 0 时，图像没有变化

（2）【曝光度】可以模拟照相机的曝光效果，主要用于提高图像局部的亮度。点击菜单栏【图像】-【调整】-【曝光度】，会弹出如图 2-179 所示的【曝光度】对话框。【曝光度】对话框中常用设置选项的作用见表 2-4。

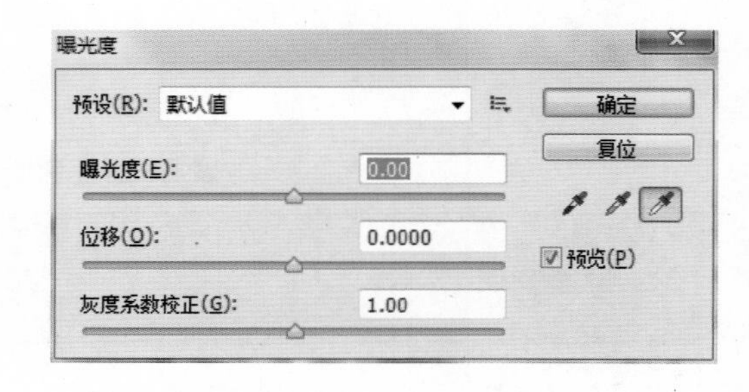

图 2-179 【曝光度】对话框

表 2-4 【曝光度】对话框中常用设置选项的作用

设置选项	作用
【曝光度】	用于调整整体色调范围内的高光端，对极限阴影的影响不大
【位移】	可以使阴影和中间调的像素变暗或者变亮，对高光像素的影响不大
【灰度系数校正】	通过简单的乘方函数来调整图像的灰度系数
吸管工具	分别单击【在图像中取样以设置黑场】、【在图像中取样以设置灰场】和【在图像中取样以设置白场】，然后在图像中最亮、中间亮度和最暗的位置单击，可使图像整体变暗或者变亮

（3）【阴影 / 高光】适用于校正由强逆光形成剪影的照片，以及由于太接近相机的闪光灯而出现发白情况的照片。点击菜单栏【图像】-【调整】-【阴影 / 高光】，会弹出如图 2-180 所示的【阴影 / 高光】对话框。

【阴影 / 高光】不是简单地使图像整体变亮或变暗，而是根据阴影或高光四周的像素使局部变亮或变暗。所以，阴影和高光都有各自的控制选项，默认设置是修复图像的逆光效果。【阴影 / 高光】对话框中常用设置选项的作用见表 2-5。

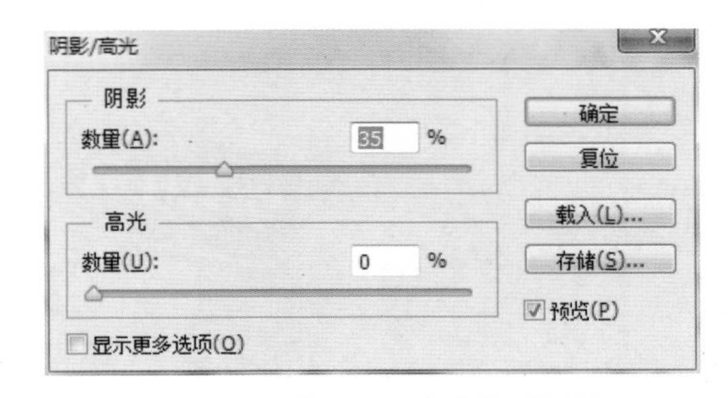

图 2-180 【阴影 / 高光】对话框

表 2-5 【阴影 / 高光】对话框中常用设置选项的作用

设置选项	作用
【阴影】	在编辑框中输入数值或者拖动滑块时，可以调整光照的校正量，数值越大，阴影变亮的程度就越大
【高光】	在编辑框中输入数值或者拖动滑块时，可以调整光照的校正量，数值越大，高光变暗的程度就越大

三、学习任务小结

通过本次课的学习，同学们已经初步了解了 Photoshop 图像色彩调整的方法，学习了【曲线】、【色相 / 饱和度】、【色阶】、【亮度 / 对比度】、【曝光度】和【阴影 / 高光】命令的基本知识。课后，同学们要反复练习这些命令，做到熟能生巧。

四、课后作业

选择 1 张建筑外观效果图进行图像色彩调整练习。

文字的编辑

教学目标

（1）专业能力：了解文字工具的功能及特点，掌握文字和段落的创建方法。

（2）社会能力：能灵活运用文字工具制作出具有设计感的图片。

（3）方法能力：信息和资料收集能力，案例分析能力，设计创新能力。

学习目标

（1）知识目标：掌握创建和编辑文字的技巧，以及使文字变形的方法与技巧。

（2）技能目标：熟悉文字工具在实际设计中的应用。

（3）素质目标：能清晰地表达设计思路，具备较好的语言表达能力。

教学建议

1. 教师活动

（1）教师通过展示带有文字设计的图片，提高学生的文字设计审美能力。

（2）教师示范文字工具的操作方法，并指导学生进行课堂实训。

2. 学生活动

（1）观看教师示范，完成课堂练习，熟练掌握文字工具的操作方法。

（2）积极参与课堂讨论，激发自主学习能力。

扫描二维码，看文字工具的详细使用方法

一、学习问题导入

各位同学，大家好！这节课我们来学习 Photoshop 的文字工具。文字工具是创建和编辑文字的工具，在室内设计领域，常用文字工具制作房地产海报、方案小册子、房地产楼书等，如图 2-181 所示。

图 2-181 房地产楼书

二、学习任务讲解

1. 文字和段落的创建

点击工具箱【文字工具组】T，或按快捷键“T”，即可创建文字。【文字工具组】包括【横排文字工具】、【直排文字工具】、【横排文字蒙版工具】和【直排文字蒙版工具】四个子工具，可用于在图像中输入文字，并且可以在文字工具属性栏对输入的文字进行修改，如图 2-182 所示。

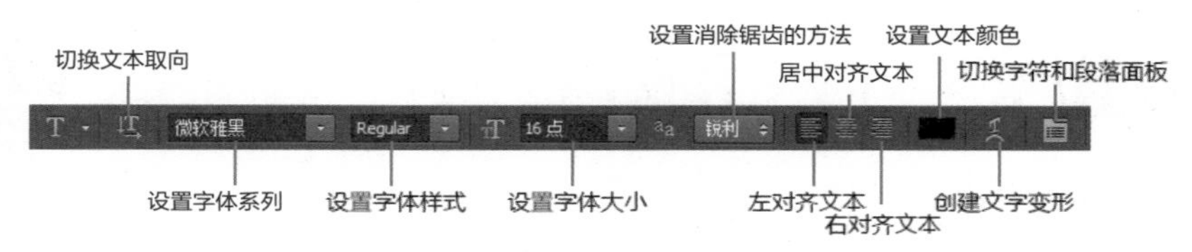

图 2-182 【文字工具组】和【横排文字工具】属性栏

其中，【横排文字工具】和【直排文字工具】分别用于输入横排文字和直排文字，【横排文字蒙版工具】和【直排文字蒙版工具】分别用于创建横排文字选区和直排文字选区。

【案例一】给海报添加文字，如图 2-183 所示。

步骤一：打开文件，点击【横排文字工具】，在图像上单击，出现文本光标，在【横排文字工具】属性栏中设置字体为微软雅黑，大小为 60 点，颜色为白色，如图 2-184 所示；接着输入文字“A SEA”，按“Ctrl+Enter”结束操作；最后用【移动工具】移动文字到合适位置，如图 2-185 所示。

图 2-183 给海报添加文字前后对比

图 2-184 打开文件并设置横排文字属性

图 2-185 输入横排文字并调整位置

步骤二：点击【直排文字工具】，在图像上单击，出现文本光标，在【直排文字工具】属性栏中设置字体为微软雅黑，大小为 96 点，颜色为白色，如图 2-186 所示，输入文字“海景别墅”，按“Ctrl+Enter”结束操作；接着继续在图像上单击，将字体大小修改为 40 点，如图 2-187 所示，输入文字“它是海边最新也是最独特的住宅”；最后用【移动工具】移动文字到合适位置，如图 2-188 所示。

图 2-186 设置直排文字属性

图 2-187 修改直排文字属性

图 2-188 输入直排文字并调整位置

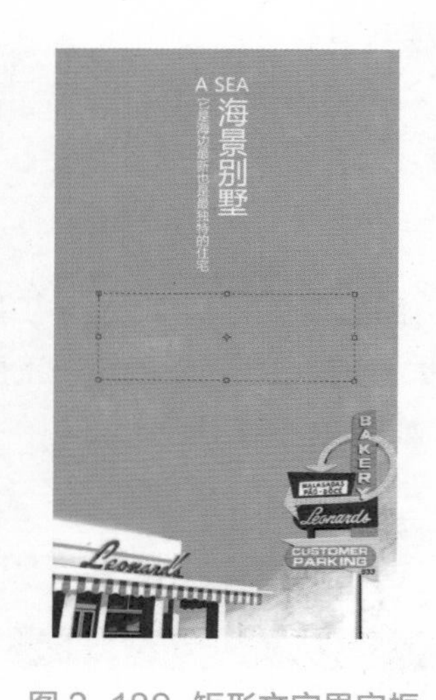

图 2-189 矩形文字界定框

步骤三：点击【横排文字工具】，在图像空白处拉一个矩形文字界定框，再松开鼠标，如图 2-189 所示；在其中输入文字，按“Ctrl+Enter”结束操作，在【横排文字工具】属性栏中设置文字属性，具体如图 2-190 所示；在【字符】和【段落】面板中设置行距、首行缩进等，最终效果如图 2-191 所示。

2. 文字和段落属性的设置

点击菜单栏【窗口】-【字符】，或在文字工具属性栏上点击 按钮，即可打开【字符】面板。【字符】面板用于设置文字的基本属性，如字体大小、字体系列、行距、字距等，如图 2-192 所示。

图 2-190 设置横排文字属性

图 2-191 最终效果

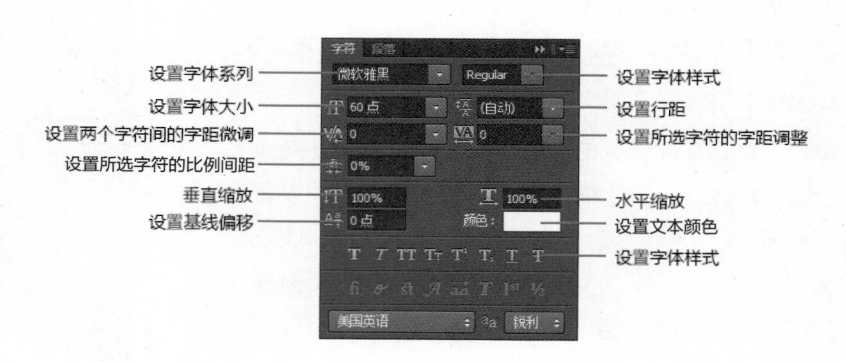

图 2-192 【字符】面板

点击菜单栏【窗口】-【段落】，或在文字工具属性栏上点击 按钮，即可打开【段落】面板。【段落】面板用于设置段落的编排方式，如段落的对齐方式、缩进值等，如图 2-193 所示。

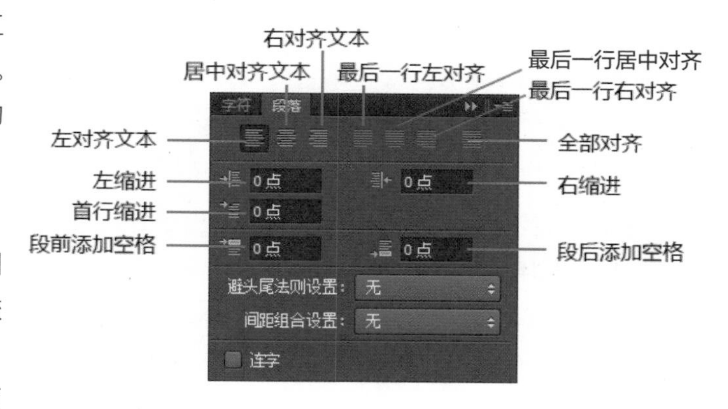

图 2-193 【段落】面板

【案例二】优化海报文字排版。

步骤一：打开在案例一中制作的文件，如图 2-194 所示，观察画面发现，直排文字字距比较小，整个画面偏紧凑，因此应调整直排文字字距，点击菜单栏【窗口】-【字符】，打开【字符】面板，单击选中“海边别墅”文字图层，将字符间距设置为 200，如图 2-195 所示；单击选中“它是海边最新也是最独 ...”文字图层，将字符间距设置为 100，如图 2-196 所示。

图 2-194 打开文件

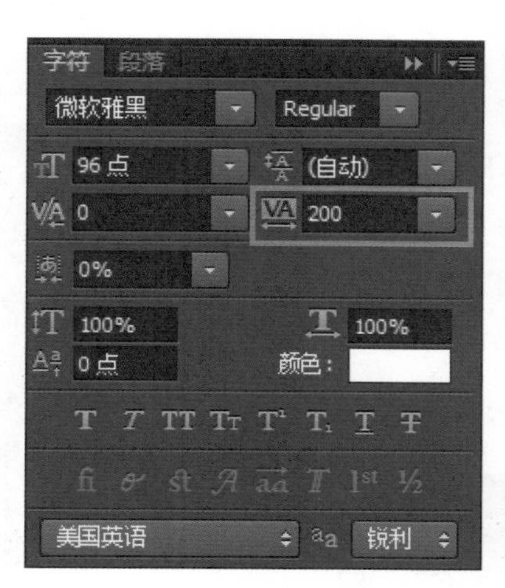

图 2-195 修改“海边别墅”文字图层

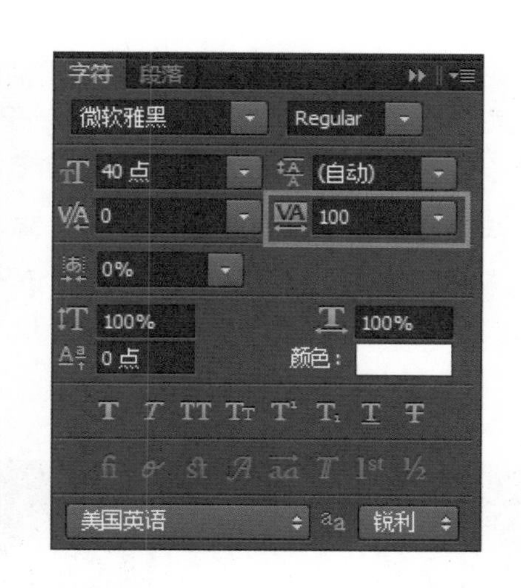

图 2-196 修改“它是海边最新也是最独 ...”文字图层

步骤二：单击选中段落文字图层，将行距设置为 48 点，颜色设置为灰蓝色；点击【段落】面板，选择【居中对齐文本】，如图 2-197 所示，最终效果如图 2-198 所示。

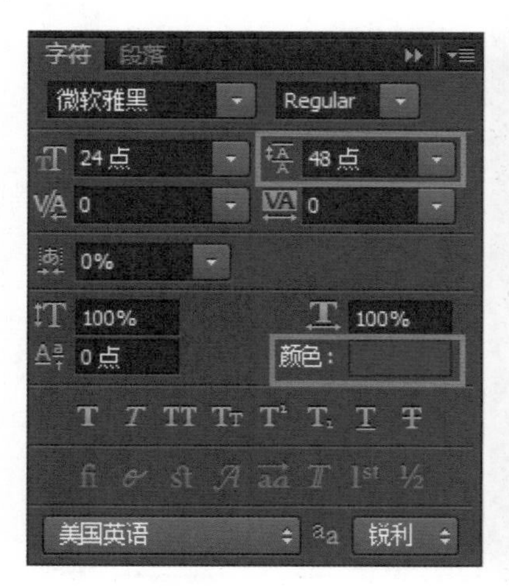

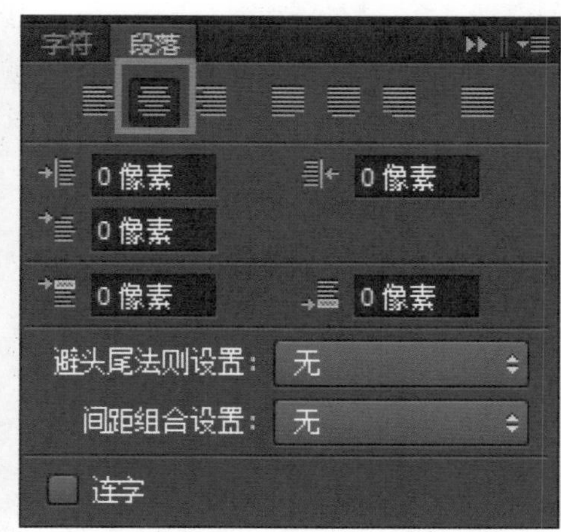

图 2-197 修改段落文字图层

图 2-198 最终效果

由案例二可以看出，文字和段落经过【字符】和【段落】面板的优化调整，最终的视觉效果更加舒适、有层次感。

【案例三】设置出血位。

海报制作完成后，在打印之前，要留出 3 mm 的出血位，其作用是保护成品，使其主体内容不会被裁切。出血位一般在开始制作时设置，每边各留 3 mm。

步骤一：点击菜单栏【视图】-【标尺】或按“Ctrl+R”打开标尺，如图 2-199 所示；将鼠标移动至上方和左方的标尺上，拖动参考线到图片四边，即可使参考线自动吸附到四边，如图 2-200 所示。

步骤二：点击菜单栏【图像】-【画布大小】，将【宽度】和【高度】各加 6 mm，如图 2-201 所示，点击【确定】之后，得到如图 2-202 所示的效果。

步骤三：在【图层】面板双击“背景”图层将其解锁，如图 2-203 所示；选中该图层，按“Ctrl+T”调整图片大小，直至图片填充四边的白边即可，如图 2-204 所示。

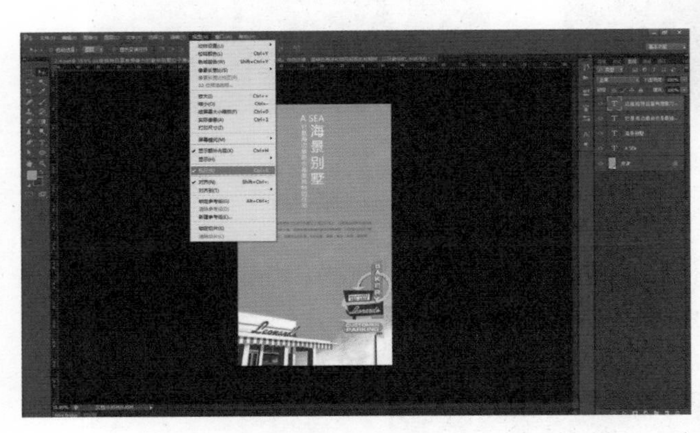

图 2-199 打开标尺

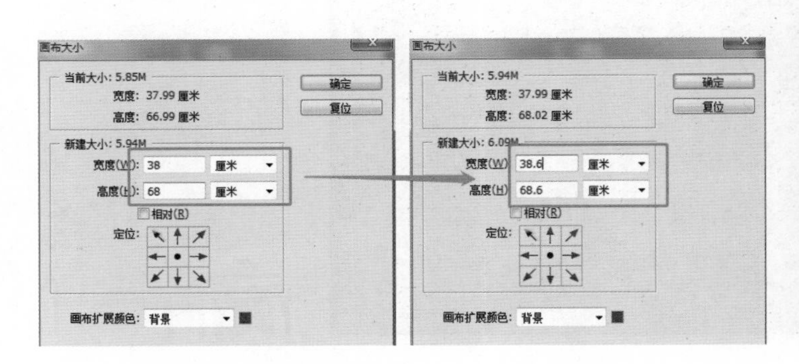

图 2-201 将【宽度】和【高度】各加 6mm

小知识

用 Photoshop 作图时常用【标尺】进行辅助，点击菜单栏【视图】-【标尺】或按“Ctrl+R”即可打开或隐藏【标尺】；点击菜单栏【视图】-【新建参考线】可在指定位置添加参考线；按“Ctrl+H”可隐藏或显示参考线；点击菜单栏【视图】-【锁定参考线】或按“Ctrl+Alt+;”可锁定参考线；用【移动工具】按住参考线拖到标尺里可取消参考线。

图 2-200 新建画布参考线

图 2-202 加出血位

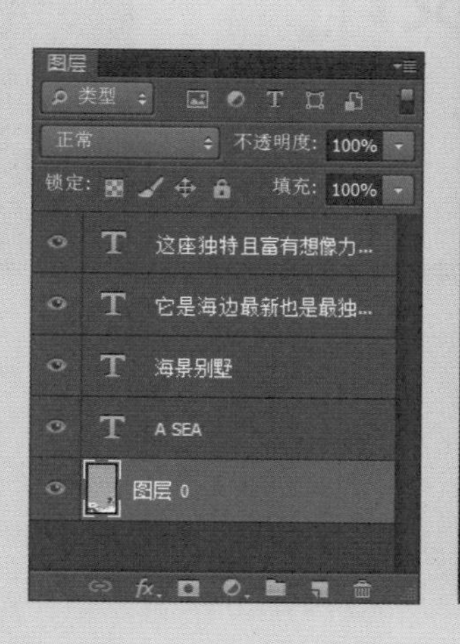

图 2-203 解锁“背景”图层

图 2-204 最终效果

3. 文字的变形

变形文字具有装饰感，可以使图像变得更加有趣，艺术效果更强。使文字变形的方法主要有使用【创建文字变形】、栅格化文字后自由变换、转换为形状后移动锚点、在路径上输入文字和创建文字选区。

（1）使用【创建文字变形】。

在图像上输入文字后，点击工具属性栏【创建文字变形】 即可弹出【变形文字】对话框，如图 2-205 所示。选择一种样式，即可设置文字的变形效果，如图 2-206 所示。

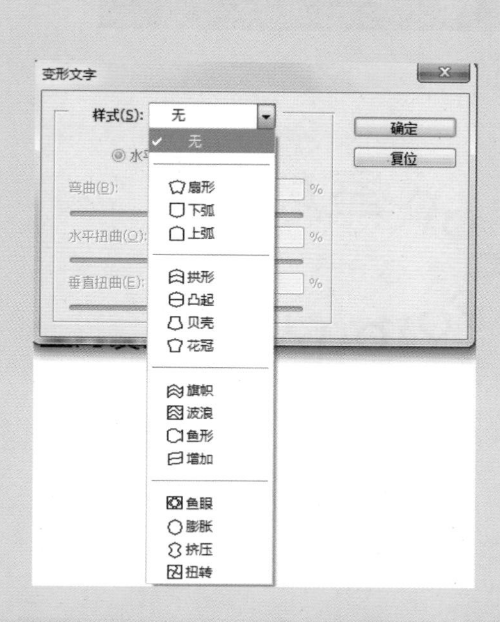

图 2-205 【变形文字】对话框

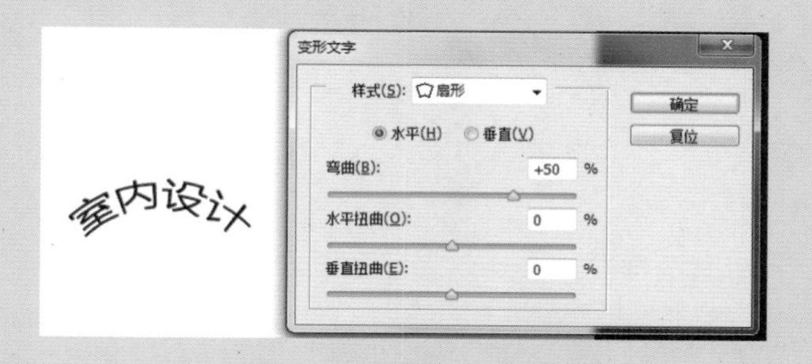

图 2-206 扇形文字效果

【样式】：可选择多种文字变形样式。

【水平】、【垂直】：可将变形效果设置为水平或垂直方向。

【弯曲】：可调整文字的弯曲程度，绝对值越大，弯曲程度越大。

【水平扭曲】、【垂直扭曲】：可使文字产生水平方向或垂直方向的透视变形。

（2）栅格化文字后自由变换。

在文字图层右键菜单中点击【栅格化文字】，按“Ctrl+T”进行自由变换；然后右键点击画布，弹出的右键菜单中有几种变形效果可选择，如图 2-207 所示。

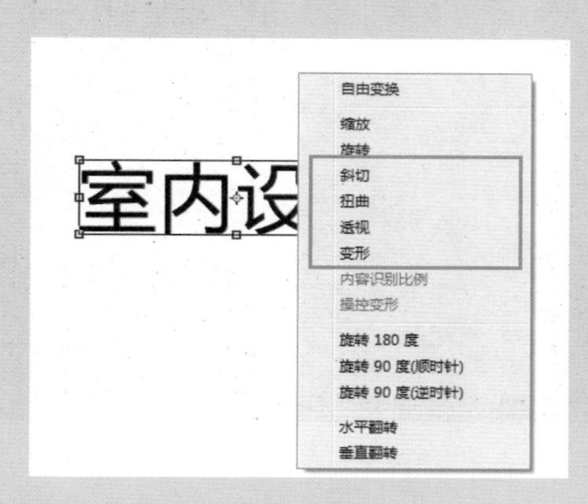

图 2-207 画布右键菜单

【斜切】：对文字边界进行拉伸和压缩。

【扭曲】：将文字进行扭曲变形。

【透视】：使文字呈现透视效果。

【变形】：将文字分割成 9 块长方形，每个交点即为作用点，鼠标左键按住某个作用点并移动鼠标即可对文字进行变形。

（3）转换为形状后移动锚点。

在文字图层右键菜单中点击【转换为形状】，即可把文字图层转换为形状图层；再用【直接选择工具】移动锚点，即可对文字进行变形，如图 2-208 所示。

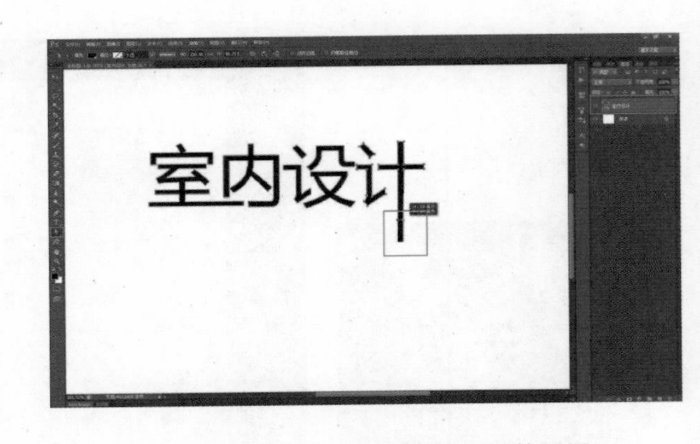

图 2-208 将文字图层转换为形状图层

（4）在路径上输入文字。

点击【椭圆工具】，在其属性栏中选择【路径】，如图 2-209 所示；在画布中画一个椭圆路径，如图 2-210 所示；点击【横排文字工具】，将鼠标移至椭圆路径上，当光标呈“S”形时，就可以输入文字了，效果如图 2-211 所示。

图 2-209 点击【椭圆工具】并选择【路径】

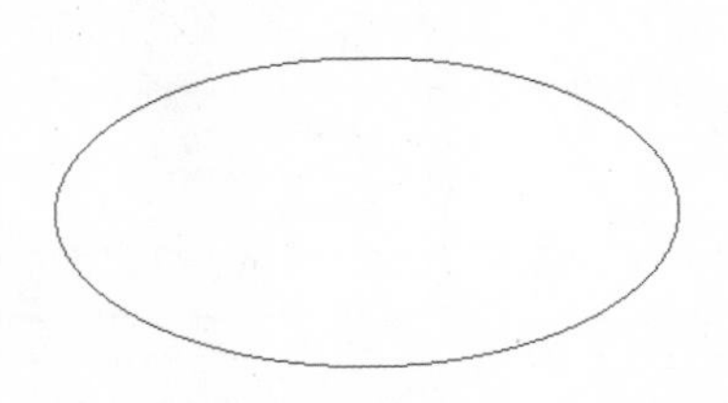

图 2-210 画一个椭圆路径

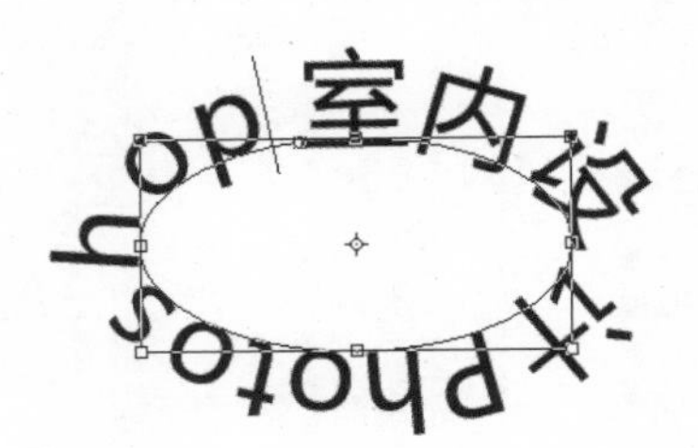

图 2-211 输入文字

（5）创建文字选区。

【横排文字蒙版工具】和【直排文字蒙版工具】都可以创建文字选区。选择其中一个，鼠标左键点击画布，输入文字后按“Ctrl+Enter”即可创建文字选区。

【案例四】创建文字选区并添加效果。

步骤一：打开文件，选择【横排文字蒙版工具】，鼠标左键点击画布，输入文字，如图 2-212 所示。

步骤二：按“Ctrl+Enter”创建文字选区，如图 2-213 所示；按“Ctrl+J”复制图层，双击图层打开【图层样式】对话框，设置【描边】和【投影】，如图 2-214 所示；最终效果如图 2-215 所示。

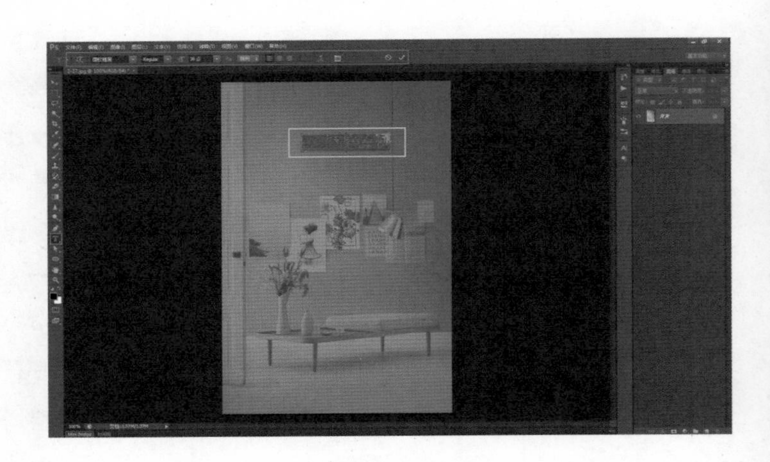

图 2-212 打开文件并创建文字蒙版

图 2-213 创建文字选区

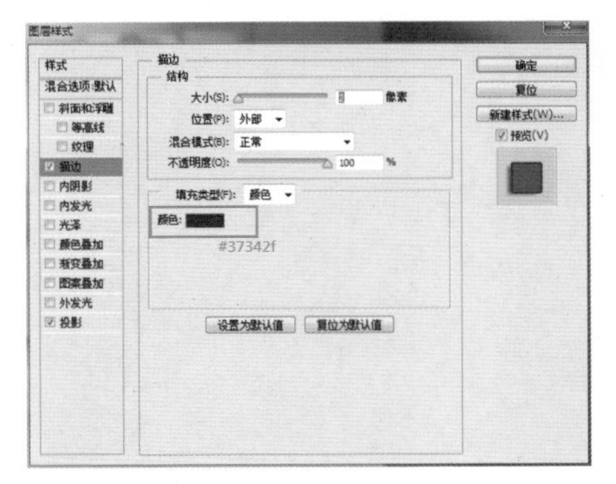

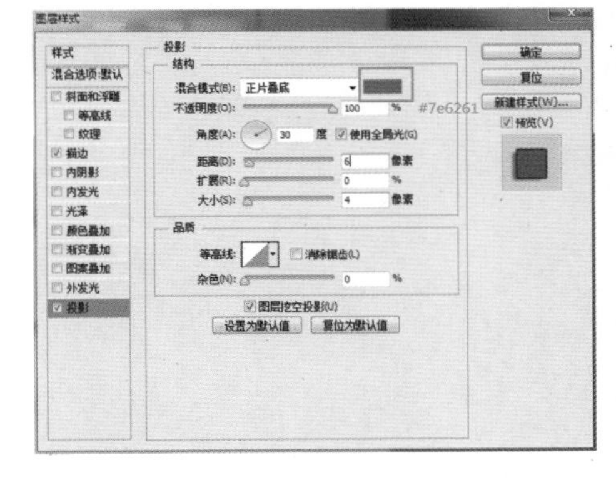

图 2-214 设置【描边】和【投影】

图 2-215 最终效果

三、学习任务小结

通过本次课的学习，同学们已经了解了文字的编辑方法，在室内设计领域，巧用文字工具可以制作出有创意的房地产楼书、室内设计方案图册等。课后，同学们要对文字的编辑方法进行反复练习，提高操作技能。

四、课后作业

制作 1 张尺寸为 A3 的室内设计方案小册子封面。

教学目标

（1）专业能力：掌握滤镜的基本知识及使用技巧。

（2）社会能力：能灵活运用滤镜处理图像。

（3）方法能力：信息和资料收集能力，实践操作能力。

学习目标

（1）知识目标：通过对滤镜基本知识的学习，掌握滤镜的使用方法和技巧。

（2）技能目标：熟悉滤镜在实际设计中的应用。

（3）素质目标：具备熟练操作电脑的能力和较好的语言表达能力。

教学建议

1. 教师活动

（1）教师讲解滤镜的基本知识。

（2）教师示范滤镜的使用方法，并指导学生进行课堂练习。

2. 学生活动

（1）观看教师示范，完成课堂练习。

（2）积极参与课堂讨论，激发自主学习能力。

一、学习问题导入

各位同学，大家好！这节课我们来学习 Photoshop 的滤镜功能。在室内设计领域，滤镜可以用来制作各种特殊效果，如图 2-216 ~图 2-219 所示。

图 2-216 手绘效果

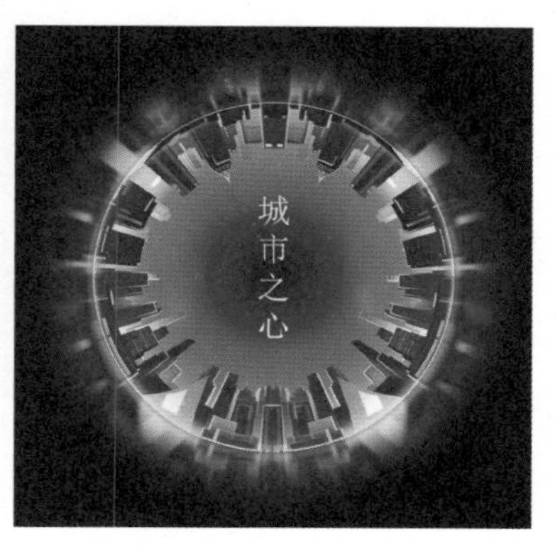

图 2-217 扭曲效果

图 2-218 模糊效果

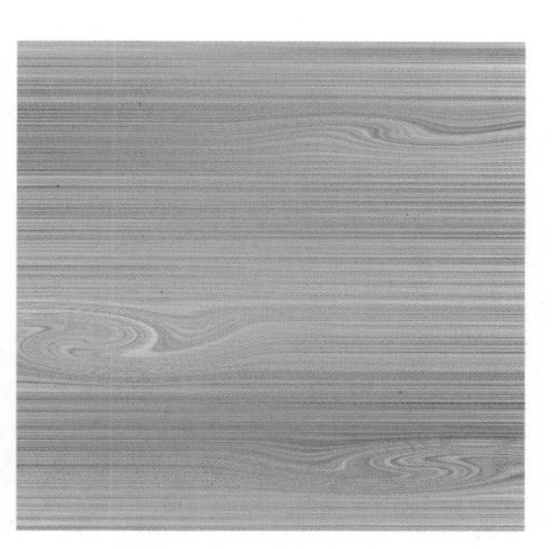

图 2-219 木纹效果

二、学习任务讲解

1. 滤镜库

滤镜库将常用的滤镜组合于一个对话框中，用于预览滤镜的效果，非常直观和方便。点击菜单栏【滤镜】-【滤镜库】即可打开对话框，如图 2-220 所示。对话框左侧为效果预览框，显示应用滤镜后的效果；中间为滤镜列表，包含多个不同风格的滤镜，单击某个滤镜即可在左侧实时预览其效果；右侧为滤镜参数设置栏，可设置所用滤镜的参数值。

图 2-220 【滤镜库】对话框

【案例一】制作手绘效果。

打开文件，点击菜单栏【滤镜】-【滤镜库】，在弹出的【滤镜库】对话框中点击【艺术效果】-【绘画涂抹】，修改参数，如图 2-221 所示。最终效果如图 2-222 所示。

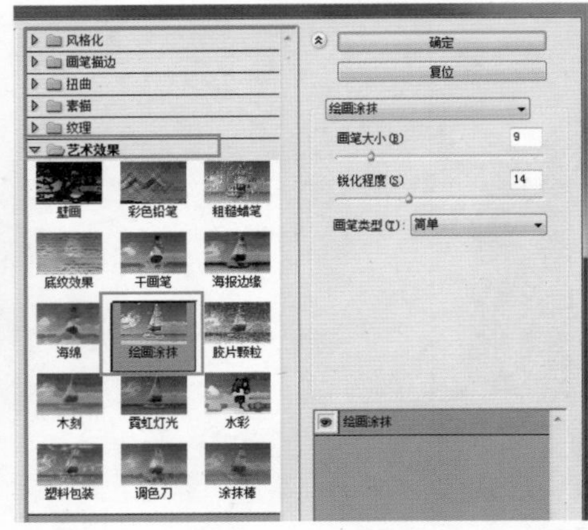

图 2-221 打开文件并使用滤镜

图 2-222 最终效果

2. 独立滤镜

（1）【自适应广角】可用于对具有广角、超广角、鱼眼效果的图像进行校正，如图 2-223 所示。

图 2-223 用【自适应广角】校正图像

（2）【镜头校正】可以根据相机与镜头的测量数据自动校正图像，也可以修复桶状变形、枕状变形、暗角、晕影和色差等，还可以通过调整垂直和水平透视的参数，改变图像的透视效果，如图 2-224 所示。

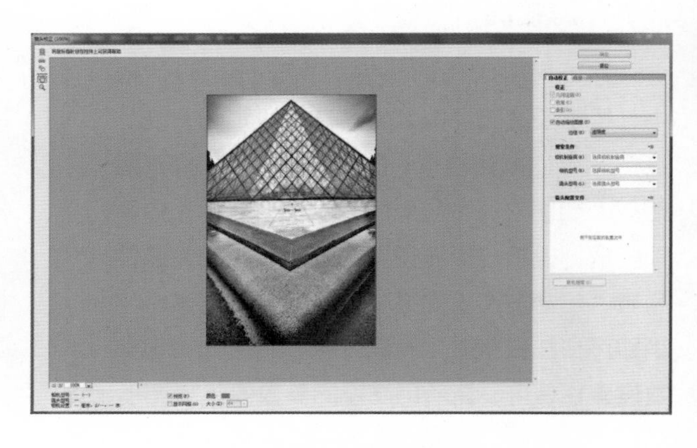

图 2-224 【镜头校正】

（3）【液化】可以对图像进行任意的扭曲，使其呈现变形效果，如图 2-225 所示。

（4）【油画】可以使图像呈现油画效果，如图 2-226 所示。

（5）【消失点】可以构建空间模型，让透视变换更加精准，主要应用于消除多余图像、空间透视变换和复杂几何贴图等，如图 2-227 所示。

图 2-225 【液化】

图 2-226 用【油画】处理图像

图 2-227 【消失点】

图 2-228 【风格化】

3. 其他滤镜组

（1）【风格化】可以通过移动和置换图像像素，使图像呈现具有特殊风格的效果。该滤镜包括【查找边缘】、【等高线】、【风】、【浮雕效果】、【扩散】、【拼贴】、【曝光过度】、【凸出】等，如图 2-228 所示。

（2）【模糊】是使用最广泛的滤镜，它可以通过柔化选区或整个图像的像素，使图像显得柔和，产生模糊效果。该滤镜包括【场景模糊】、【光圈模糊】、【倾斜模糊】、【表面模糊】、【动感模糊】、【方框模糊】、【高斯模糊】、【径向模糊】等，如图 2-229 所示。

图 2-229 【模糊】

【案例二】制作模糊效果。

步骤一：打开文件，点击【套索工具】，在其属性栏中将【羽化】数值设置为 5 像素，选取图像中的行人，如图 2-230 所示。

步骤二：点击菜单栏【滤镜】-【模糊】-【动感模糊】，设置参数如图 2-231 所示。点击【确定】，按“Ctrl+D”取消选区。

步骤三：继续按步骤一与步骤二对其他行人制作模糊效果，最终效果如图 2-232 所示。

图 2-230 打开文件并选取行人

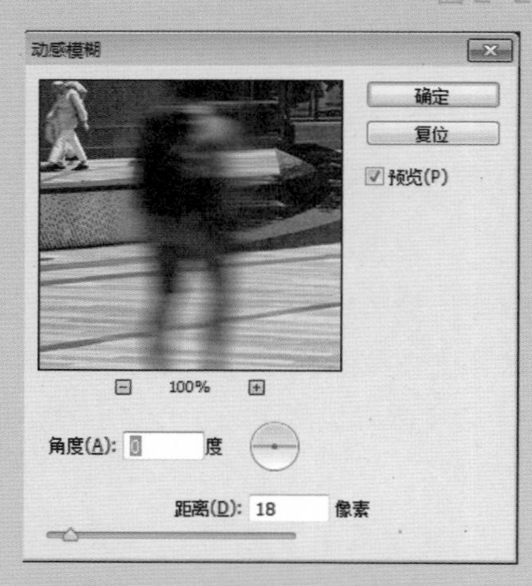

图 2-231 【动感模糊】参数

图 2-232 最终效果

（3）【扭曲】可以通过对图像进行几何扭曲，使其产生变形效果。该滤镜包括【波浪】、【波纹】、【极坐标】、【挤压】、【切变】、【球面化】、【水波】、【旋转扭曲】、【置换】，如图 2-233 所示。

图 2-233 【扭曲】

【案例三】制作万花筒效果。

步骤一：打开文件，如图 2-234 所示。

步骤二：点击菜单栏【图像】-【图像大小】，取消勾选【约束比例】，将【高度】改为与【宽度】相同的数值，使图像变成正方形，如图 2-235 所示。

步骤三：点击【滤镜】-【扭曲】-【极坐标】，在弹出的对话框中选择【平面坐标到极坐标】，点击【确定】，如图 2-236 所示。

步骤四：用修复工具处理图像中间的区域，点击【直排文字工具】，在图像中间输入文字，将其颜色设置为白色，字距设置为 200，最终效果如图 2-237 所示。

（4）【锐化】可以通过增强相邻像素间的对比度来减弱或消除图像的模糊程度，使图像变得清晰。该滤镜包括【USM 锐化】、【进一步锐化】、【锐化】、【锐化边缘】、【智能锐化】，如图 2-238 所示。

图 2-234 打开文件

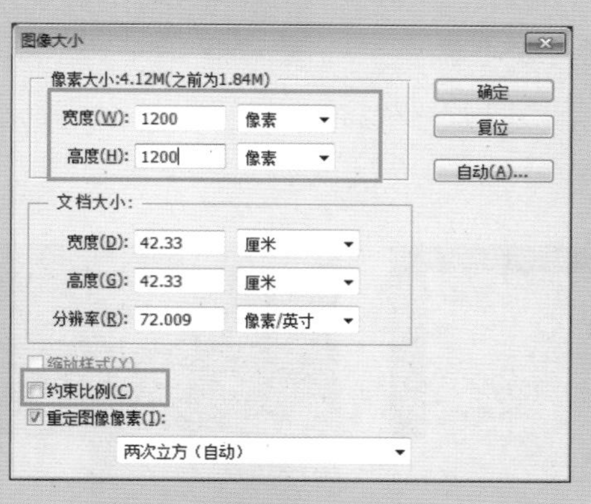

图 2-235 修改图像大小

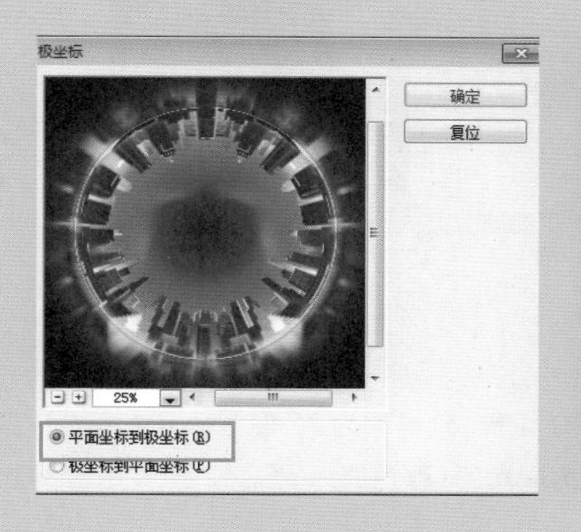

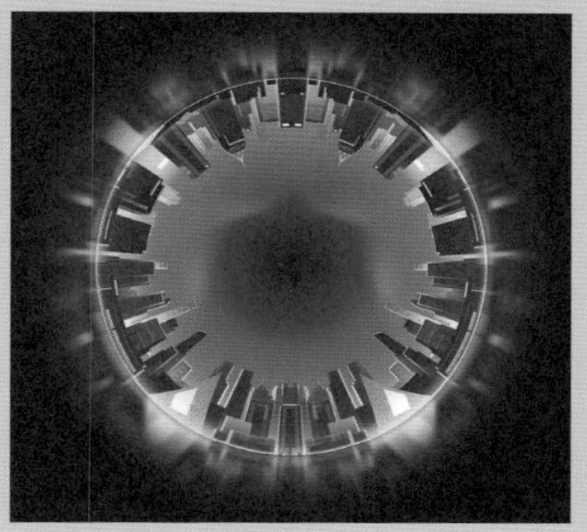

图 2-236 使用【极坐标】

图 2-237 最终效果

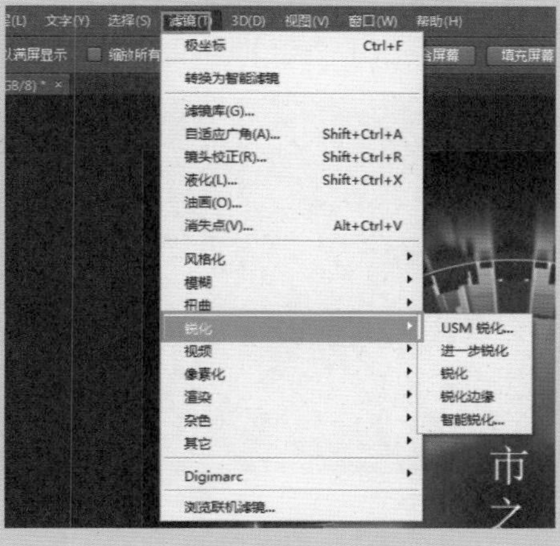

图 2-238 【锐化】

（5）【像素化】可以将图像分成一定的区域，并将这些区域转换成相应的色块。该滤镜包括【彩块化】、【彩色半调】、【点状化】、【晶格化】、【马赛克】、【碎片】、【铜版雕刻】，如图 2-239 所示。

（6）【渲染】可以增加光效，起到渲染气氛的作用。该滤镜包括【分层云彩】、【光照效果】、【镜头光晕】、【纤维】、【云彩】，如图 2-240 所示。

（7）【杂色】可以添加或减少图像中的杂色，常用于制作纹理。该滤镜包括【减少杂色】、【蒙尘与划痕】、【去斑】、【添加杂色】、【中间值】，如图 2-241 所示。

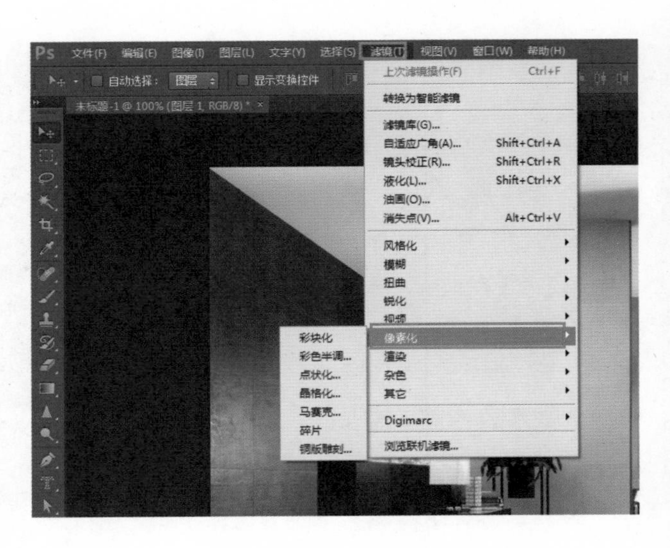

图 2-239 【像素化】

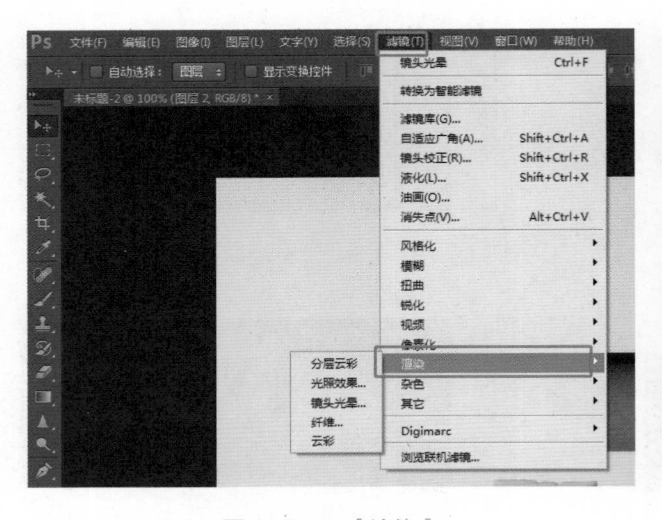

图 2-240 【渲染】

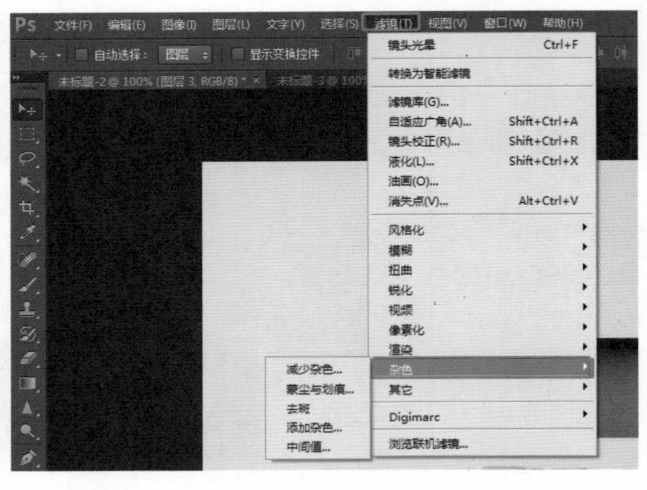

图 2-241 【杂色】

【案例四】制作木纹材质贴图。

步骤一：新建一个 800 像素 ×500 像素，分辨率为 72 像素 / 英寸，RGB 颜色模式的文件；设置前景色为浅褐色（颜色值为 #d1aa5e），背景色为深褐色（颜色值为 #604221）；点击菜单栏【滤镜】-【渲染】-【云彩】，得到如图 2-242 所示的效果。

步骤二：点击菜单栏【滤镜】-【杂色】-【添加杂色】，将【数量】设置为 20%，勾选【高斯分布】和【单色】，点击【确定】，如图 2-243 所示。

图 2-242 新建文件并使用【云彩】

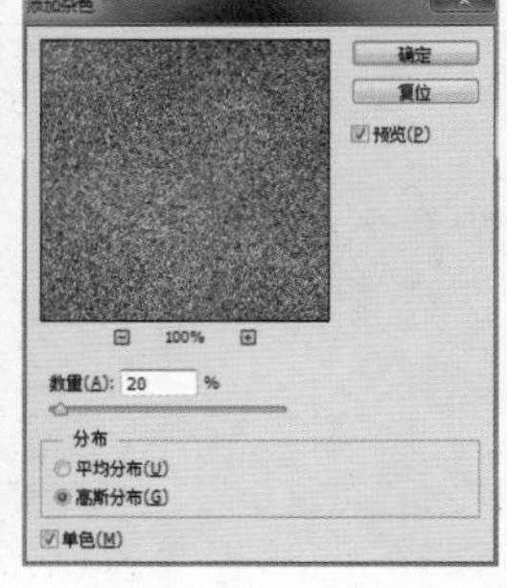

图 2-243 使用【添加杂色】

步骤三：点击菜单栏【滤镜】-【模糊】-【动感模糊】，将【角度】设置为0度，【距离】设置为999像素，点击【确定】，如图2-244所示。

图2-244 使用【动感模糊】

步骤四：点击【矩形选框工具】，框选一个矩形区域，如图2-245所示；然后点击菜单栏【滤镜】-【扭曲】-【旋转扭曲】，将【角度】改为100，点击【确认】；接下来多次重复上述步骤，适当调整【角度】，效果如图2-246所示。

步骤五：点击菜单栏【图像】-【调整】-【亮度/对比度】，调整图像亮度，最终效果如图2-247所示。

图2-245 框选矩形区域

图2-246 使用【旋转扭曲】

图2-247 最终效果

三、学习任务小结

通过本次课的学习，同学们已经初步了解了Photoshop的滤镜，掌握了常用滤镜的使用方法和技巧。课后，同学们要多加练习，并能根据需要灵活使用滤镜。

四、课后作业

使用滤镜制作材质纹理素材，并使用【消失点】滤镜，把材质纹理素材贴到室内设计效果图的地板上。

项目三

室内设计平面图制作训练

学习任务一　AutoCAD 输出图纸训练

学习任务二　经典的黑白灰风格平面图制作训练

学习任务三　居住空间（别墅）彩色平面图制作训练

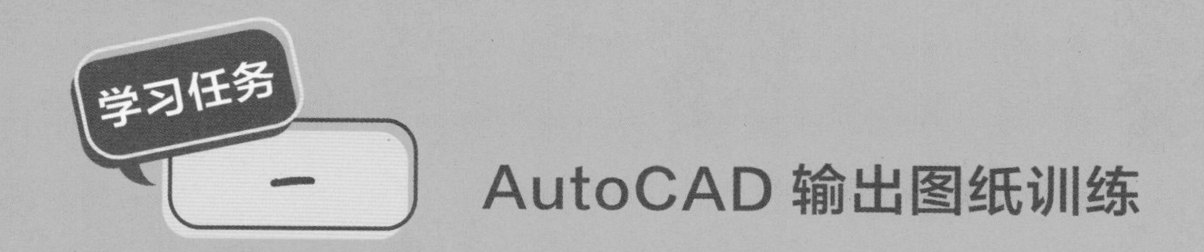

AutoCAD 输出图纸训练

教学目标

（1）专业能力：能在 AutoCAD 中输出图纸。

（2）社会能力：能对各类室内设计平面图进行整理及输出。

（3）方法能力：信息和资料收集能力。

学习目标

（1）知识目标：掌握在 AutoCAD 中输出图纸的基本知识。

（2）技能目标：具备在 AutoCAD 中输出图纸的操作技能。

（3）素质目标：具备团队协作能力和一定的语言表达能力。

教学建议

1. 教师活动

教师讲解和示范在 AutoCAD 中输出图纸的操作方法，并指导学生进行实训。

2. 学生活动

认真听教师讲解，仔细观看教师示范，完成课堂实训。

一、学习问题导入

各位同学，你们知道室内设计平面图的风格有哪些吗？如图 3-1~ 图 3-3 所示，室内设计平面图既可以是黑白的，也可以是彩色的，制作室内设计平面图首先要在 AutoCAD 中输出图纸，本次课我们来学习在 AutoCAD 中输出图纸的方法。

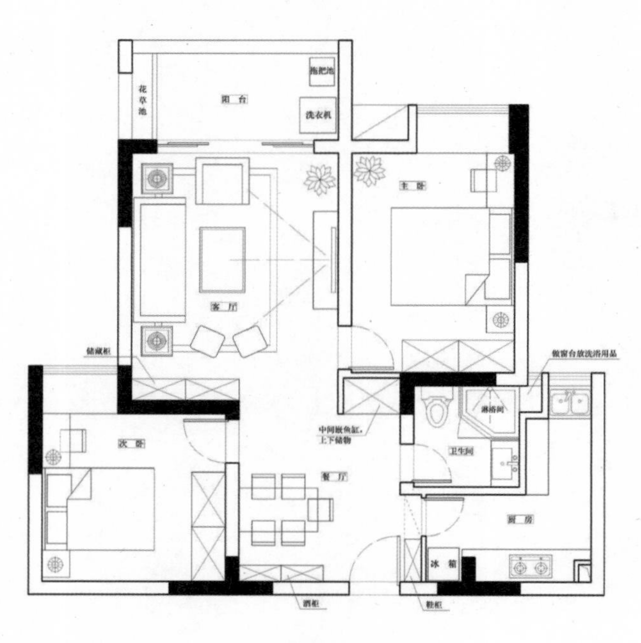

图 3-1　黑白平面图

图 3-2　色块风格平面图

图 3-3　彩色平面图

二、学习任务讲解

在 AutoCAD 中输出图纸有两种方法，分别是使用【输出】和使用【打印】。

1. 使用【输出】输出图纸

（1）启动 AutoCAD，点击菜单栏【文件】-【打开】，打开“一层平面布置图 .dwg”，如图 3-4 所示。

这是一张别墅一层平面布置图，为方便之后的操作，在输出图纸之前应先将家具、植物等所在的图层关闭。

（2）点击菜单栏【格式】-【图层】，如图 3-5 所示。在图层列表中逐一点击“标注 - 文字”“车”“地面填充”“家具布置图”“植物”图层的“小太阳”按钮，将这些图层关闭（按钮变成“小雪花”时为关闭状态），如图 3-6 和图 3-7 所示。

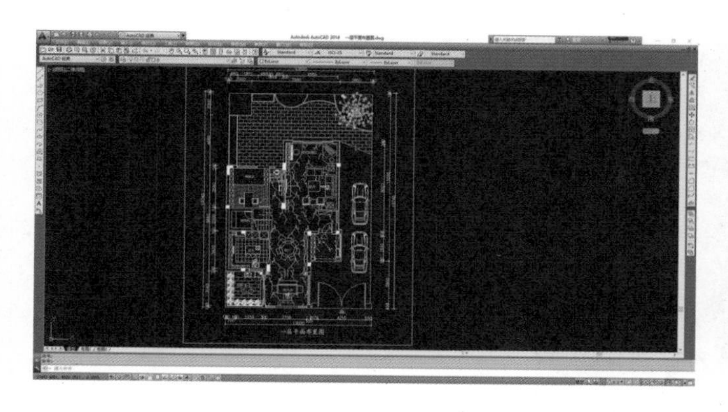

图 3-4 在 AutoCAD 中打开“一层平面布置图 .dwg”

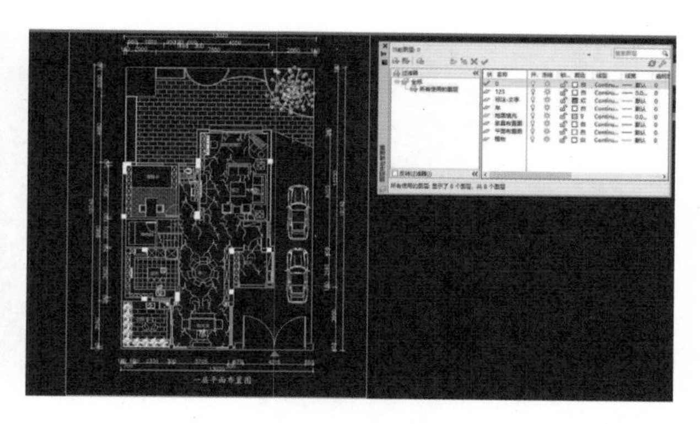

图 3-5 打开图层状态管理器

图 3-6 关闭部分图层

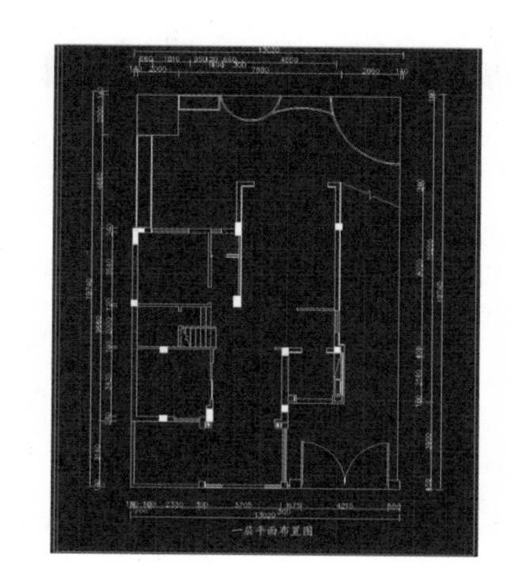

图 3-7 关闭部分图层之后的平面图

（3）点击 AutoCAD 界面左上角的 按钮，在下拉菜单中点击【输出】-【其他格式】，在弹出的【输出数据】对话框中设置文件类型为 BMP 格式并选择保存路径，如图 3-8 和图 3-9 所示。

图 3-8 点击【输出】-【其他格式】

图 3-9 选择文件类型与保存路径

（4）随后光标会变成一个小正方形，用其框选所要输出的平面图的区域，其中的线条变成虚线即表示已经被选中，如图 3-10 所示；输出的平面图图纸如图 3-11 所示。

（5）按“Enter”确认输出，输出成功后，BMP 格式的图片被保存在之前选择的路径中。

使用【输出】输出图纸较为简便，但是其输出尺寸较小且无法自定义，因此无法输出能够进行精细处理的图纸，所以还要掌握使用【打印】输出图纸的方法。

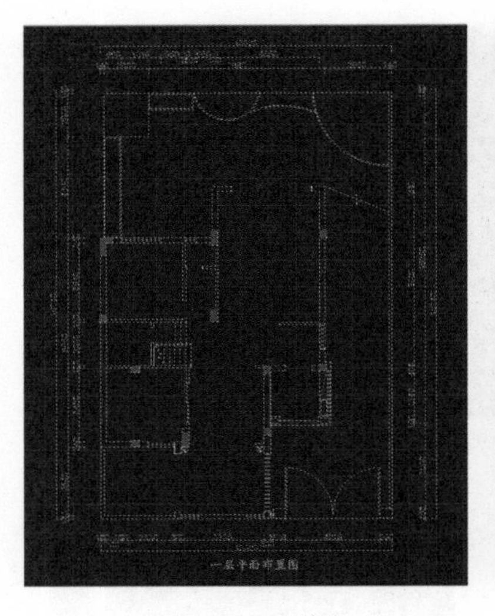

图 3-10 被选中区域的线条变成虚线

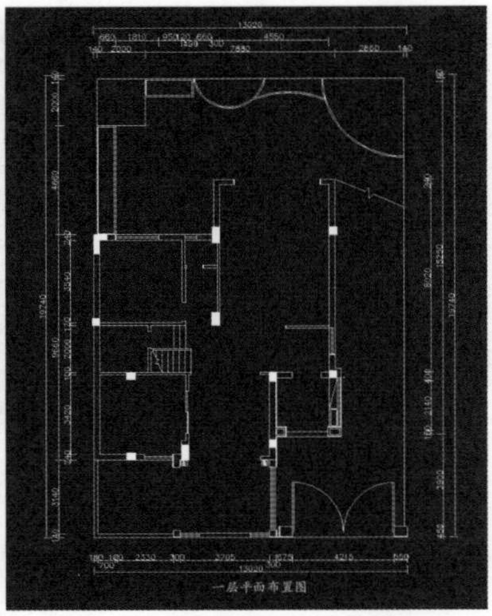

图 3-11 输出的平面图图纸

2. 使用【打印】输出图纸

使用【打印】输出图纸的方法更具优势，它可以自定义图纸的尺寸，从而获得更合适的位图像素，便于后期在 Photoshop 中处理细节，制作出更精美、细致的平面图。

（1）点击 AutoCAD 界面左上角的 按钮，在下拉菜单中点击【打印】-【打印】，如图 3-12 所示。

（2）在弹出的【打印 - 模型】对话框中，选择名称为“PublishToWeb PNG.pc3”的打印机，点击【特性】，如图 3-13 所示。

（3）在弹出的【绘图仪配置编辑器】对话框中，选择【自定义图纸尺寸】，点击【添加】，如图 3-14 所示。

（4）在弹出的【自定义图纸尺寸 - 开始】对话框中，勾选【创建新图纸】后点击【下一步】，如图 3-15 所示。

（5）在弹出的【自定义图纸尺寸 - 介质边界】对话框中，将宽度设置为 1800，高度设置为 2000，点击【下一步】，如图 3-16 所示。

图 3-12 【打印】

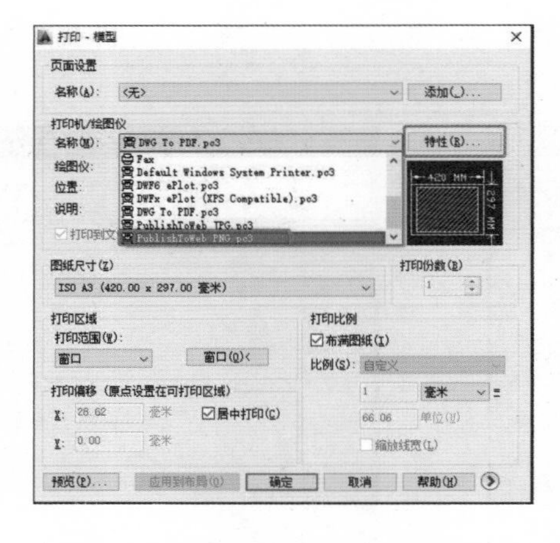

图 3-13 【打印 - 模型】对话框

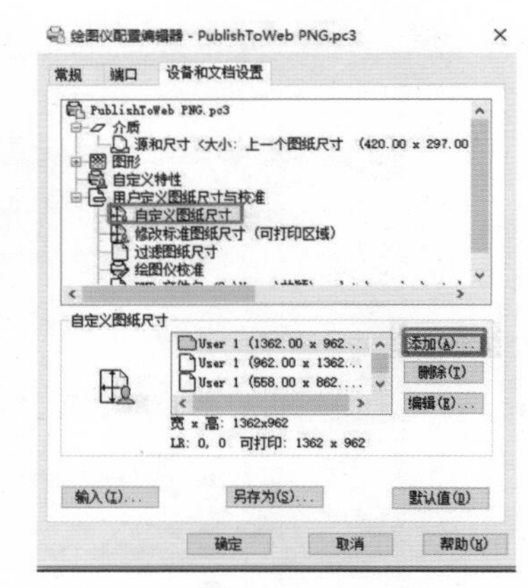

图 3-14 【绘图仪配置编辑器】对话框

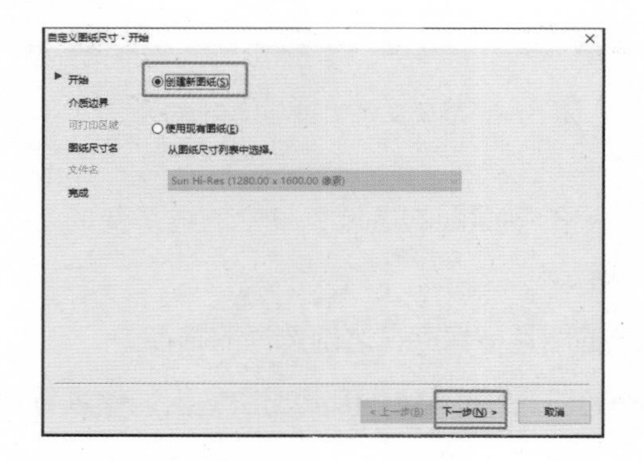

图 3-15 【自定义图纸尺寸 - 开始】对话框

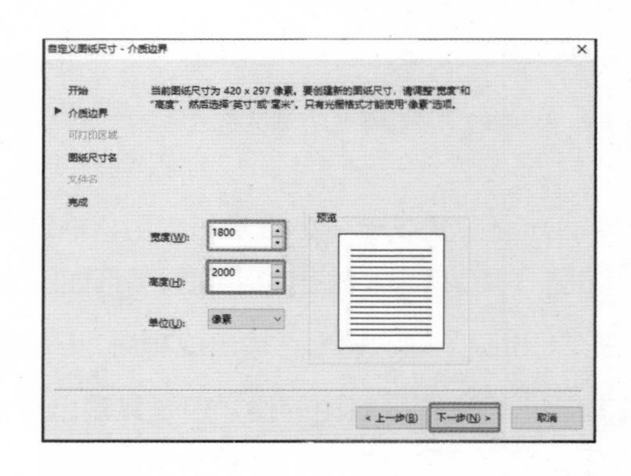

图 3-16 【自定义图纸尺寸 - 介质边界】对话框

（6）在弹出的【自定义图纸尺寸 - 图纸尺寸名】对话框中点击【下一步】，如图 3-17 所示。

（7）在弹出的【自定义图纸尺寸 - 完成】对话框中，点击【完成】，如图 3-18 所示。

（8）在返回的【绘图仪配置编辑器】对话框中，点击【确定】；在【打印 - 模型】对话框的【图纸尺寸】中选择“用户 1（1800.00 × 2000.00 像素）”，勾选【居中打印】，【打印范围】选择【窗口】，如图 3-19 所示；然后在 AutoCAD 绘图区中框选要输出的区域。

（9）在【打印 - 模型】对话框中点击【确定】，弹出【浏览打印文件】对话框，选择保存路径并命名，点击【保存】，如图 3-20 所示；即可输出平面图图纸，如图 3-21 所示，这是一张尺寸为 1800 像素 ×2000 像素的 PNG 格式图片，将其导入 Photoshop 中就可以进行平面图的制作了。

图 3-17 【自定义图纸尺寸 - 图纸尺寸名】对话框

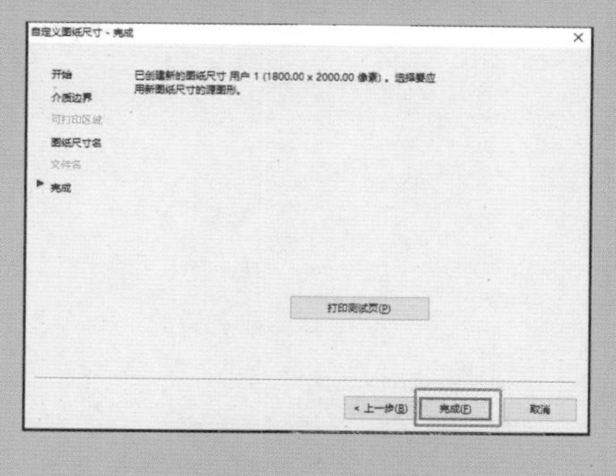

图 3-18 【自定义图纸尺寸 - 完成】对话框

图 3-19 在【打印 - 模型】对话框中设置打印形式

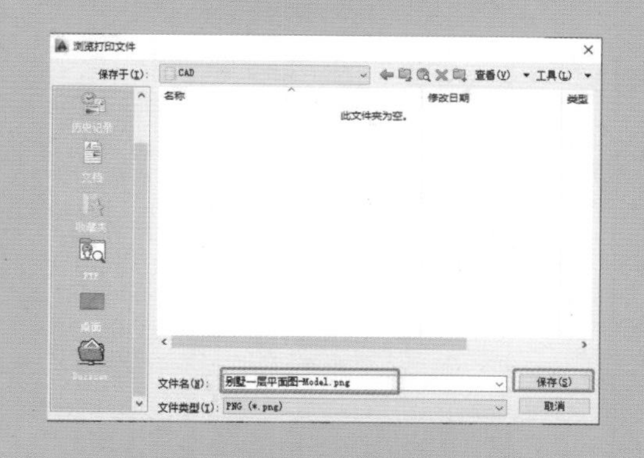

图 3-20 选择保存路径并命名

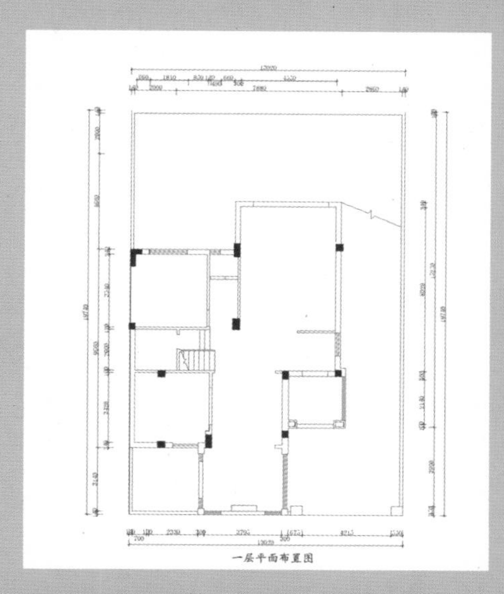

图 3-21 输出的平面图图纸

三、学习任务小结

通过本次课的学习，同学们已经初步掌握了在 AutoCAD 中输出图纸的两种方法。用 Photoshop 制作平面图对图纸清晰度的要求较高，因此常使用【打印】输出图纸，选择合适的尺寸进行输出，有利于后期的平面图制作。

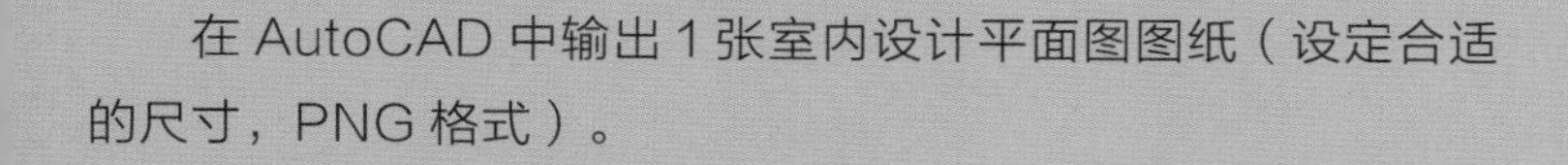

在 AutoCAD 中输出 1 张室内设计平面图图纸（设定合适的尺寸，PNG 格式）。

经典的黑白灰风格平面图制作训练

教学目标

（1）专业能力：掌握制作黑白灰风格平面图的方法。

（2）社会能力：关注黑白灰风格平面图的美学价值，提高平面图制作水平。

（3）方法能力：信息和资料收集能力，黑白灰风格平面图制作能力。

学习目标

（1）知识目标：掌握黑白灰风格平面图的制作方法和要点。

（2）技能目标：能运用 Photoshop 制作黑白灰风格平面图。

（3）素质目标：能够大胆、清晰地表述黑白灰风格平面图的优点。

教学建议

1. 教师活动

教师示范黑白灰风格平面图的制作方法，并指导学生进行实训。

2. 学生活动

观看教师示范，完成课堂实训。

扫描二维码，看经典的黑白灰风格平面图制作详细步骤

一、学习问题导入

黑白灰风格平面图是指运用黑色、白色、灰色进行色彩填充的平面图，又称单色平面图。

二、学习任务讲解

制作黑白灰风格平面图前，要先确定平面图的整体色调，再确定色块颜色，以 4~5 种为宜，如图 3-22 所示。

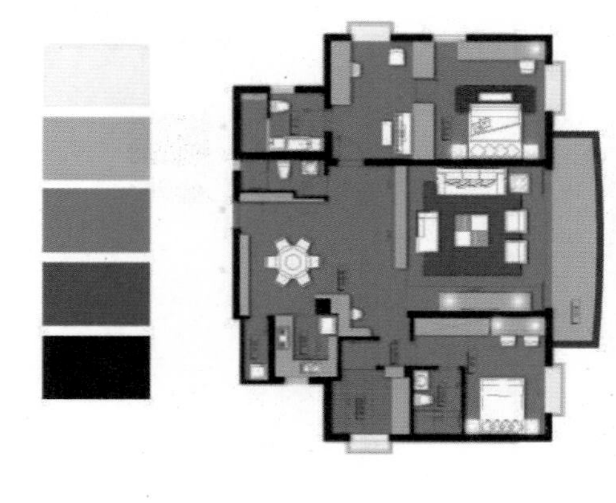

图 3-22 黑白灰风格平面图

黑白灰风格平面图的具体制作步骤如下。

（1）打开文件，如图 3-23 所示。

（2）新建图层，命名为“空间层次选色”，如图 3-24 所示。用【矩形选框工具】在空白区域建立选区，如图 3-25 所示。

（3）点击【设置前景色】，本案例选用蓝灰色调，如图 3-26 所示。点击【确定】后用【油漆桶工具】填充，如图 3-27 所示。

图 3-23 打开文件

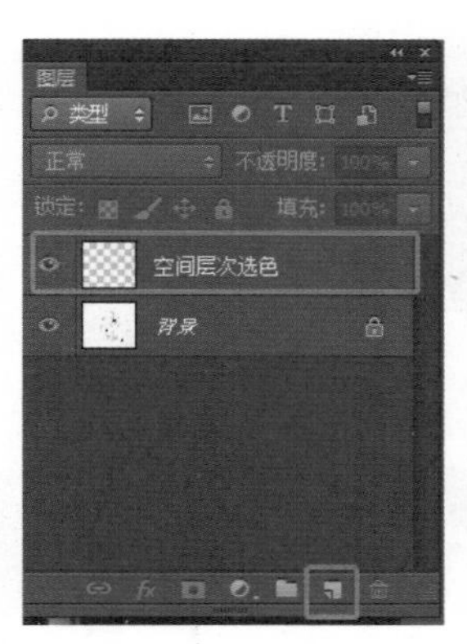

图 3-24 新建图层

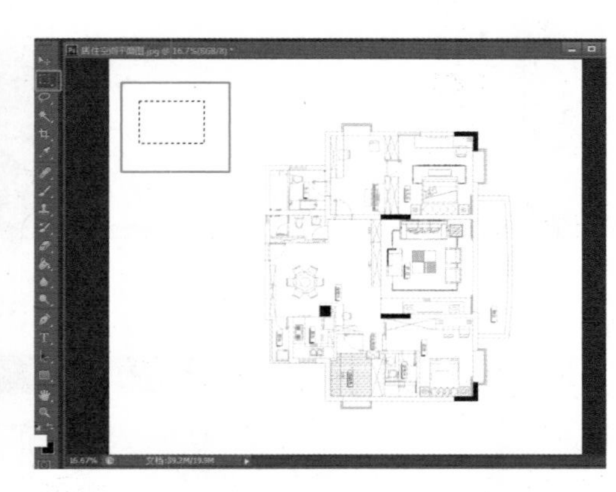

图 3-25 建立选区

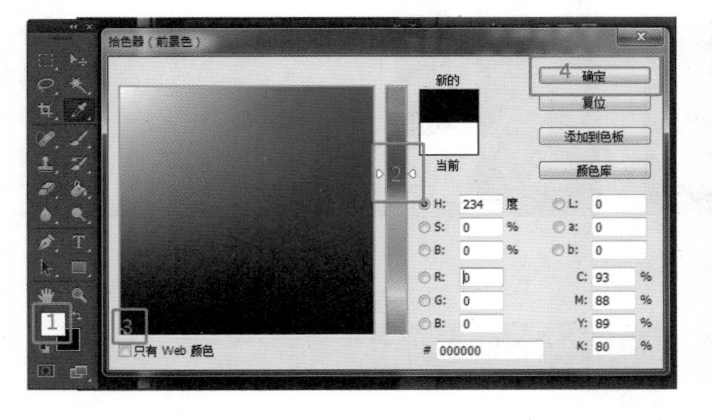

图 3-26 设置前景色

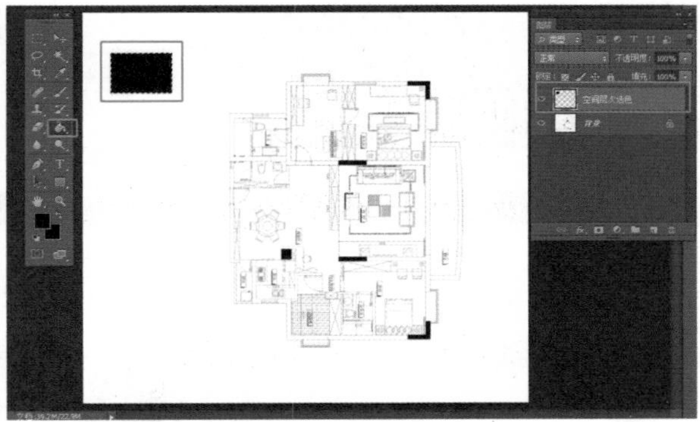

图 3-27 填充选区

（4）调出标尺，新建参考线，以便对齐色块，如图 3-28 所示。

（5）点击【移动工具】，按住“Alt”，沿着参考线往下拖动鼠标复制色块，完成后按“Ctrl+D”取消选区，如图 3-29 所示。

（6）修改前景色，点击【油漆桶工具】，勾选其属性栏中的【连续的】和【所有图层】，点击第四个色块，如图 3-30 所示。

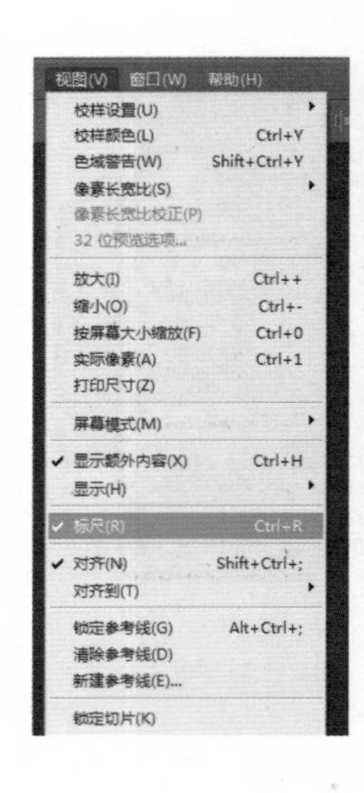

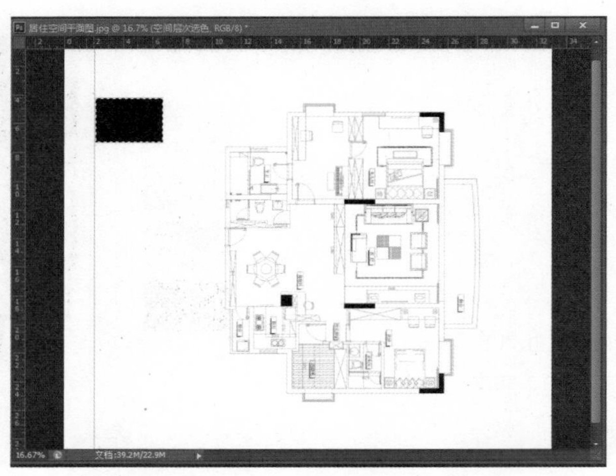

图 3-28 调出标尺并新建参考线

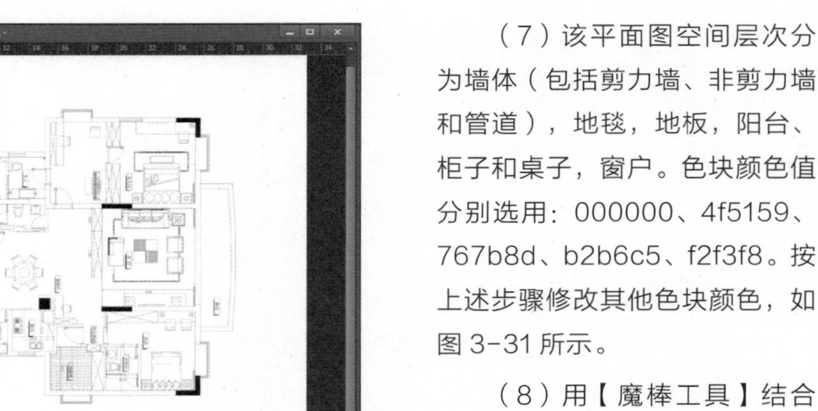

（7）该平面图空间层次分为墙体（包括剪力墙、非剪力墙和管道），地毯，地板，阳台、柜子和桌子，窗户。色块颜色值分别选用：000000、4f5159、767b8d、b2b6c5、f2f3f8。按上述步骤修改其他色块颜色，如图 3-31 所示。

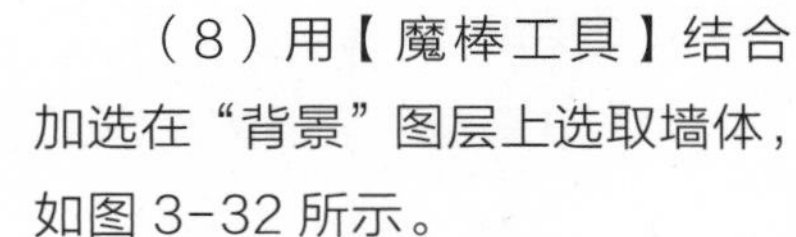

（8）用【魔棒工具】结合加选在“背景”图层上选取墙体，如图 3-32 所示。

（9）新建图层，命名为“墙体”，点击【油漆桶工具】，按住“Alt”吸取第五个色块的颜色，取消勾选【连续的】，点击“墙体”图层，按“Alt+Delete”填充，按“Ctrl+D”取消选区，如图 3-33 所示。

（10）按上述步骤分别建立“地毯”“地板”“柜子和桌子”“阳台”“窗户”图层，在建立选区时，要灵活结合【矩形选框工具】和【魔棒工具】的加选、减选。填充完成后，为了显示平面图的文字和线型，将这些图层的混合模式改成【正片叠底】，如图 3-34 所示。

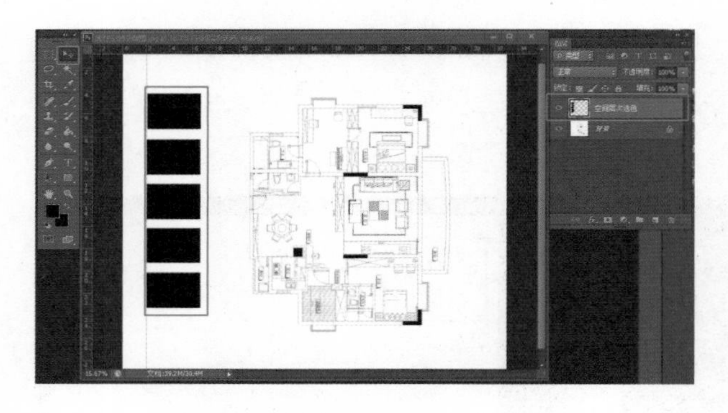

图 3-29 复制色块

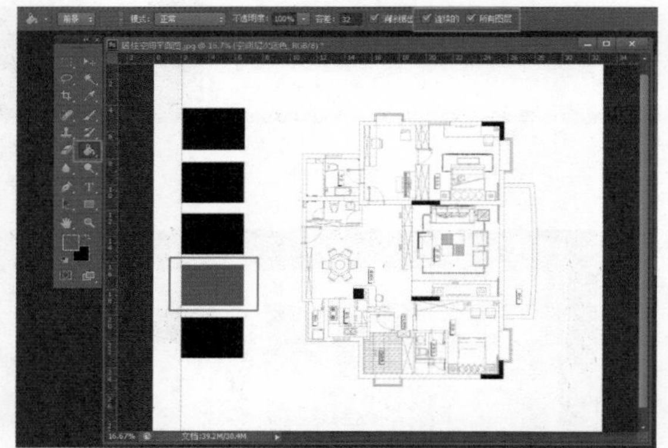

图 3-30 修改第四个色块颜色

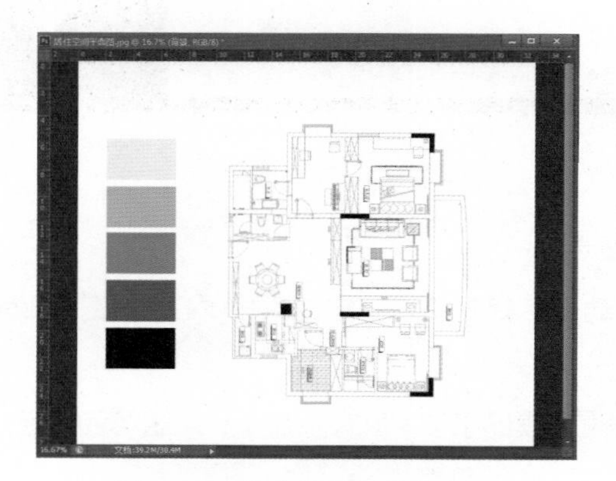

图 3-31 修改其他色块颜色

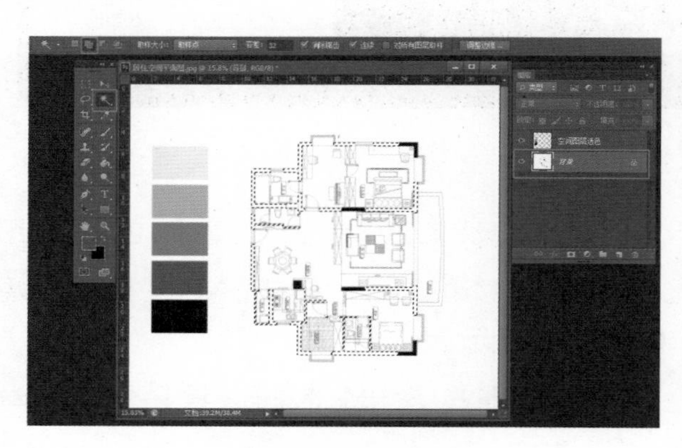

图 3-32 选取墙体

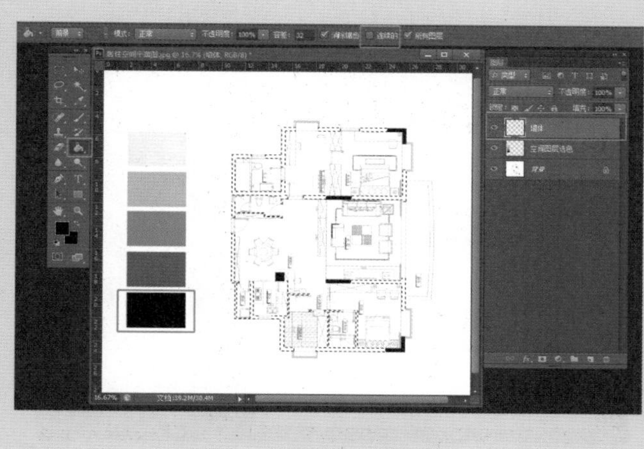

图 3-33 填充墙体

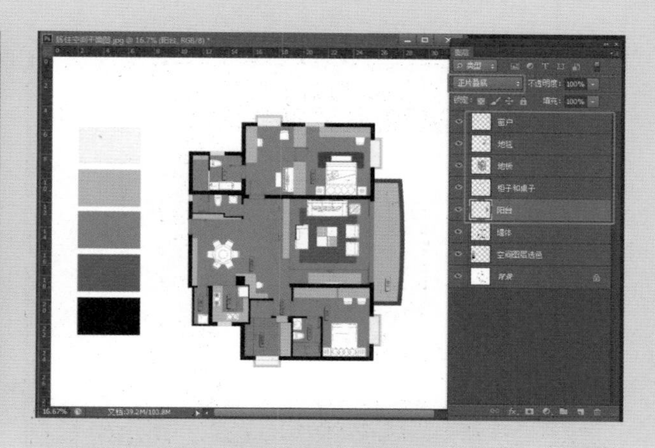

图 3-34 填充其他空间层次

（11）勾选“墙体”图层【图层样式】对话框中的【投影】，调节参数，如图 3-35 所示，点击【确定】。在“墙体”图层右键菜单中点击【拷贝图层样式】，如图 3-36 所示。分别右键点击“地毯”“柜子和桌子”图层，再点击【粘贴图层样式】，如图 3-37 所示。

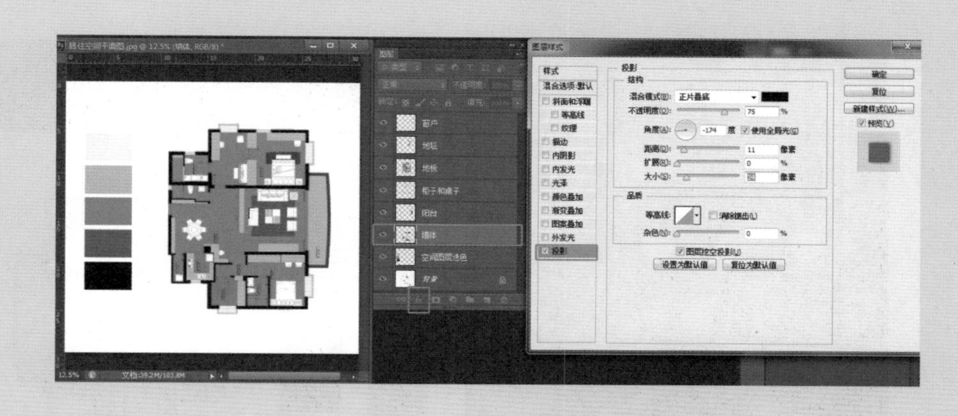

图 3-35 给墙体添加投影

（12）选取餐桌、椅子和床等，新建图层，命名为“剩余家具”并用任意颜色填充，如图 3-38 所示。再次拷贝“墙体”图层样式，粘贴至“剩余家具”图层，然后将【填充】调至 0，如图 3-39 所示。

（13）点击【画笔工具】，适当调整画笔颜色、大小和硬度，新建图层，命名为“灯光”，画出灯光效果，如图 3-40 所示。

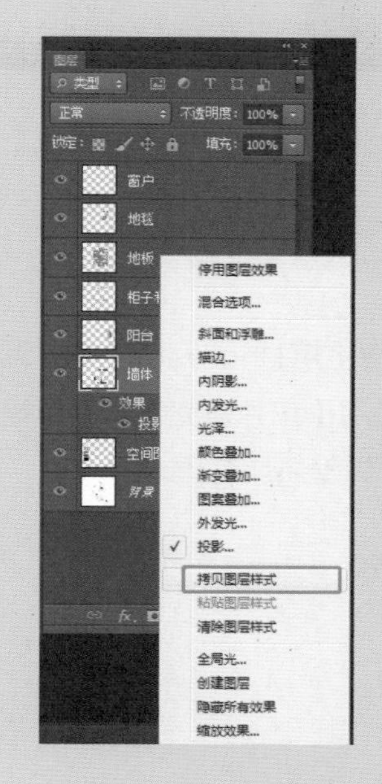

图 3-36 拷贝“墙体”图层样式

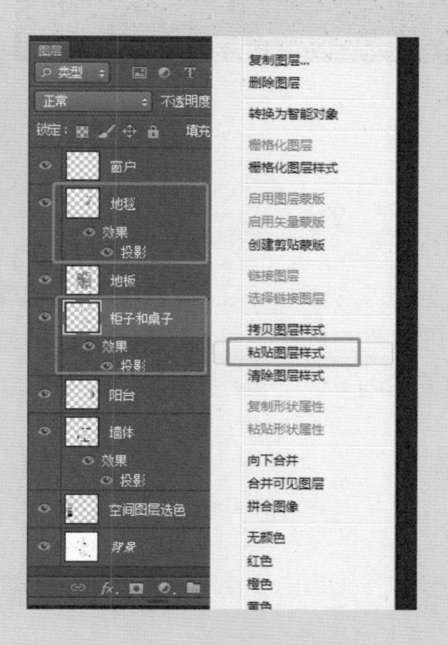

图 3-37 粘贴“墙体”图层样式

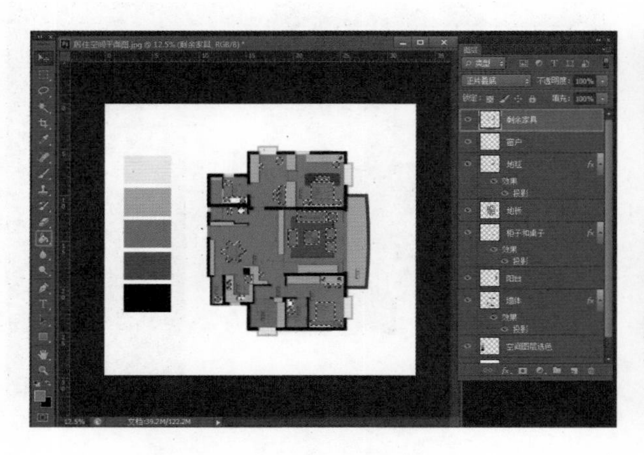

图 3-38 建立“剩余家具”图层

图 3-39 给剩余家具添加投影

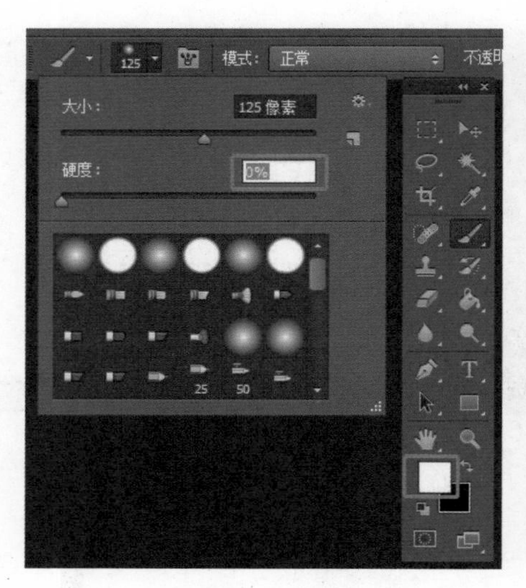

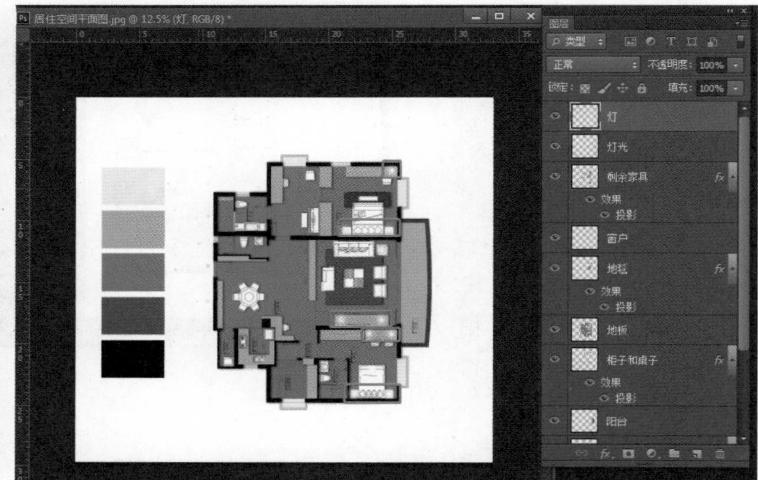

图 3-40 画出灯光效果

三、学习任务小结

通过本次课的学习，同学们已经初步掌握了用Photoshop制作黑白灰风格平面图的方法。对于初学者而言，选用低饱和度的配色方案，图层混合模式使用【正片叠底】，能更好地显示平面图的文字和线型；添加投影时要注意方向一致。课后，同学们要多练习，做到熟能生巧。

四、课后作业

制作1张室内设计黑白灰风格平面图。

居住空间（别墅）彩色平面图制作训练

教学目标

（1）专业能力：了解居住空间（别墅）彩色平面图的效果要求，能制作风格统一的彩色平面图。

（2）社会能力：能分析彩色平面图的色彩层次，具备搭配色彩的能力。

（3）方法能力：信息和资料收集能力，彩色平面图制作能力。

学习目标

（1）知识目标：掌握居住空间（别墅）彩色平面图的制作方法和要点。

（2）技能目标：能运用 Photoshop 制作居住空间（别墅）彩色平面图。

（3）素质目标：能够清晰地表述居住空间（别墅）彩色平面图的优点，具备一定的语言表达能力。

教学建议

1. 教师活动

教师讲解和示范居住空间（别墅）彩色平面图的制作方法和要点，并指导学生进行实训。

2. 学生活动

观看教师示范，完成课堂实训。

扫描二维码，看居住空间（别墅）彩色平面图制作详细步骤

一、学习问题导入

各位同学，大家好！请仔细观察图 3-41 和图 3-42，思考什么是彩色平面图？彩色平面图有什么特点？在室内设计领域有什么优势？

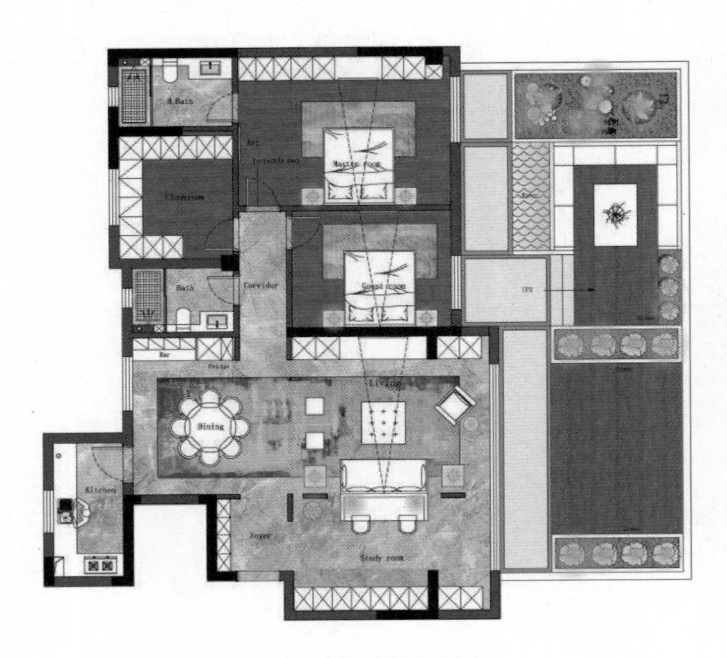

图 3-41 彩色平面图案例一

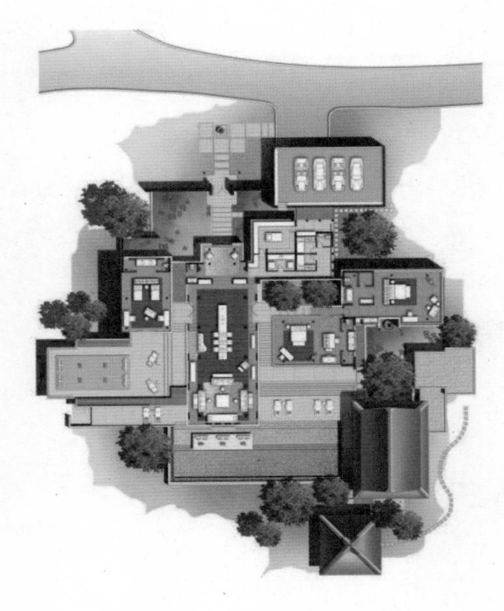

图 3-42 彩色平面图案例二

二、学习任务讲解

本次课学习制作如图 3-43 所示的居住空间（别墅）彩色平面图，制作时要注意控制整体风格，保证整体色调的协调性；还要注意区分墙体、窗户、地板、地毯、家具、植物等。

图 3-43 居住空间（别墅）彩色平面图

1. 居住空间（别墅）彩色平面图制作流程

（1）调整图纸：调整图纸，以便后续操作。

（2）填充墙体、地面等：确定整体色调，选择合适的材质对墙体、地面等进行填充。

（3）制作光影效果：制作地面光影、家具投影及内阴影、阳光效果，使彩色平面图具有立体感。

（4）完善彩色平面图：对室外区域进行填充，添加绿色植物。

2. 居住空间（别墅）彩色平面图制作具体步骤

（1）调整图纸。

点击菜单栏【文件】-【新建】，新建文件，命名为“别墅彩平图”，如图 3-44 所示。打开图纸，用【移动工具】把图纸拖到新建的文件中，调整位置，如图 3-45 所示。把图纸所在图层名称改为“线稿”并锁定，如图 3-46 所示。

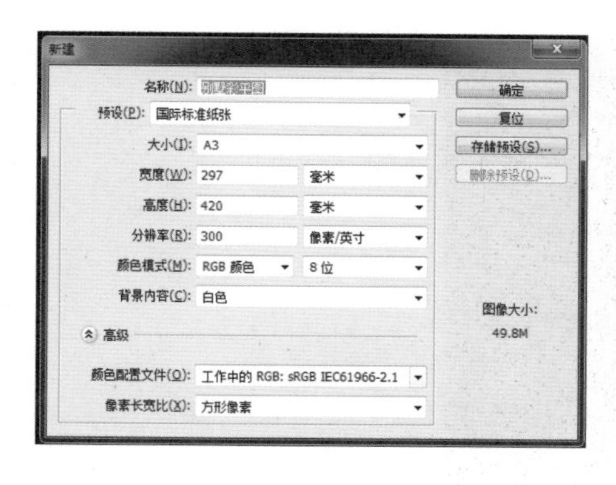

图 3-44 新建文件

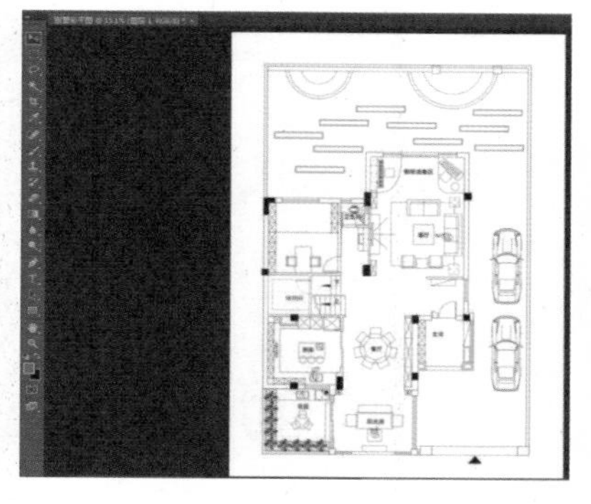

图 3-45 把图纸拖到文件中

图 3-46 锁定“线稿”图层

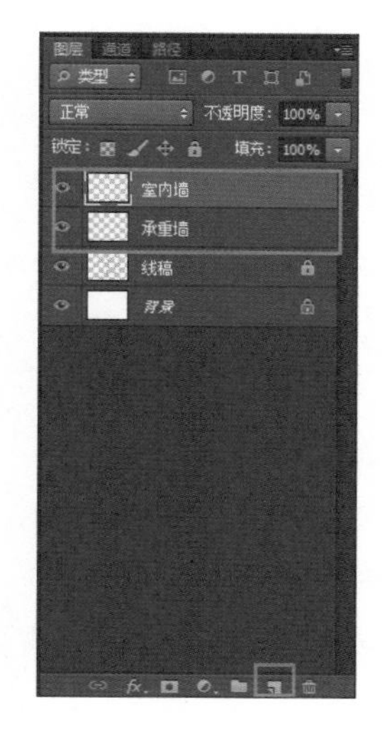

图 3-47 新建墙体图层

图 3-48 设置前景色及背景色

（2）填充墙体。

① 新建两个图层，分别命名为“承重墙”和“室内墙”，如图 3-47 所示。设置前景色及背景色，如图 3-48 所示。点击【魔棒工具】，修改其属性栏的参数，如图 3-49 所示。

图 3-49 设置【魔棒工具】

② 将两个墙体图层置于“线稿”图层下方，用【魔棒工具】选取承重墙，点击“承重墙”图层，按“Ctrl+Delete”使承重墙被填充为黑色，如图 3-50 所示；按“Ctrl+D”取消选区。

用【魔棒工具】选取室内墙，按“Alt+Delete”使室内墙被填充为灰色，如图 3-51 所示；按“Ctrl+D”取消选区。

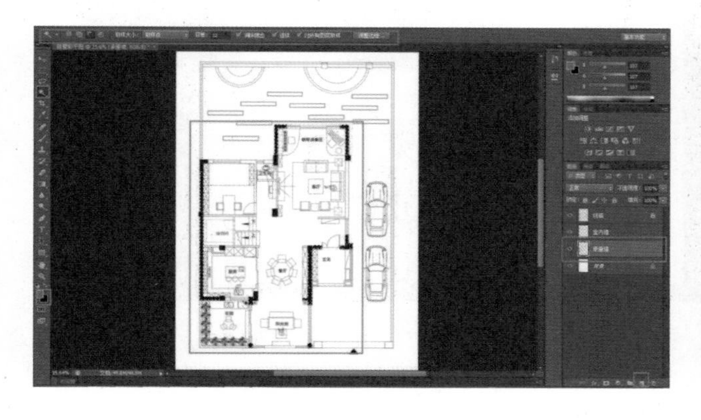

图 3-50 填充承重墙

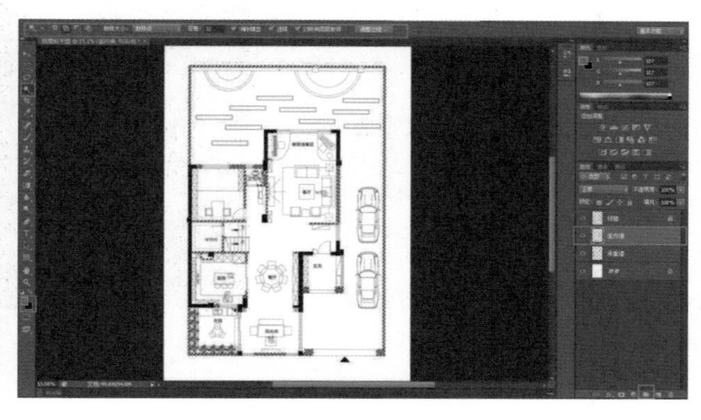

图 3-51 填充室内墙

（3）填充地面。

① 点击菜单栏【文件】-【打开】，打开 “地砖 .jpg”，用【移动工具】把它拖到 “别墅彩色平面图”中，按“Ctrl+T”调整大小，如图 3-52 所示。多次按“Ctrl+J”复制地砖材质并拼接，使其布满室内区域，选中所有地砖材质所在图层，在其右键菜单中点击【合并图层】，将合并的图层命名为“地砖”，如图 3-53 所示。

② 隐藏“地砖”图层，点击【魔棒工具】，选取要填充地砖材质的地面，再显示并选中“地砖”图层，点击【添加矢量蒙版】，如图 3-54 所示。

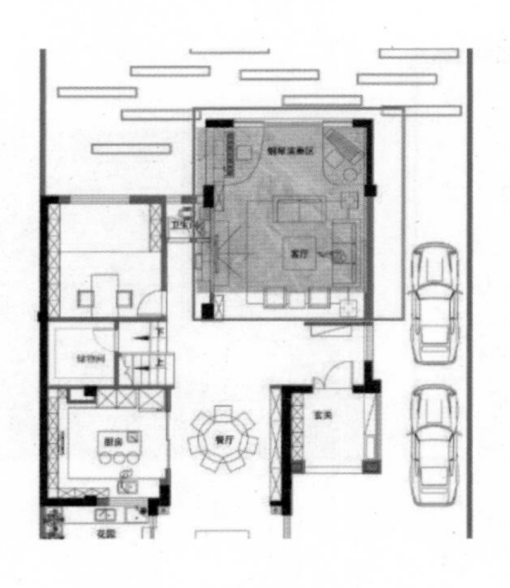

图 3-52　置入地砖材质

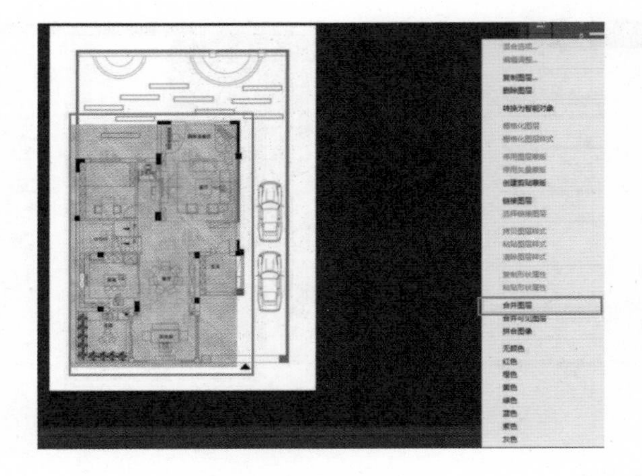

图 3-53　建立“地砖”图层

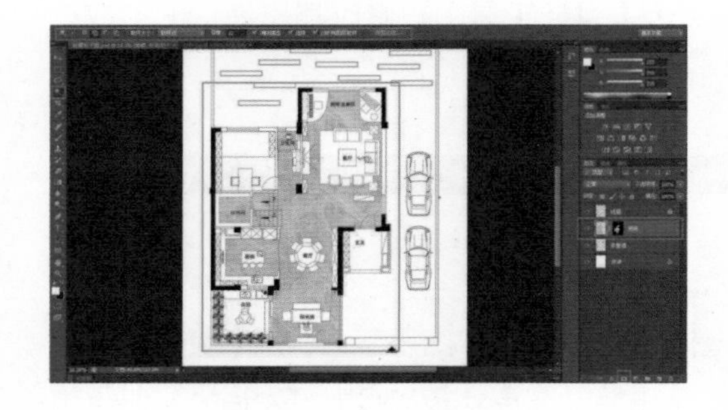

图 3-54　制作地砖

③ 用同样的方法制作花园、卧室和玄关地板，以及客厅与餐厅地毯，如图 3-55 和图 3-56 所示。

（4）制作光影效果。

① 制作地面光影。

点击【减淡工具】，设置【曝光度】为 15%，在“地砖”图层靠近门窗的位置涂抹，以制作亮部，如图 3-57 所示。再使用【加深工具】制作暗部。用同样的方法制作花园、卧室和玄关的光影。地面光影完成图如图 3-58 所示。

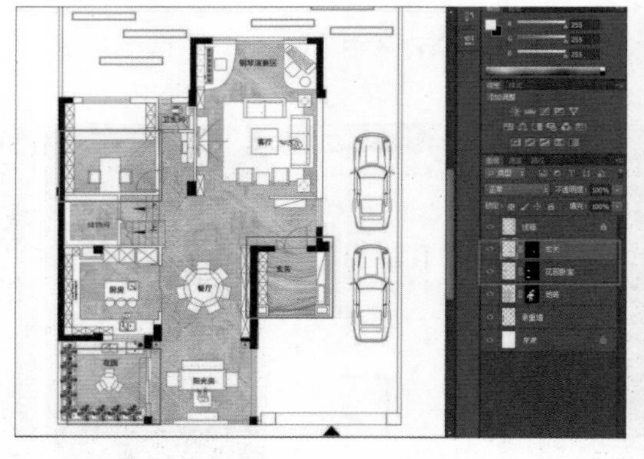

图 3-55　制作花园、卧室和玄关地板

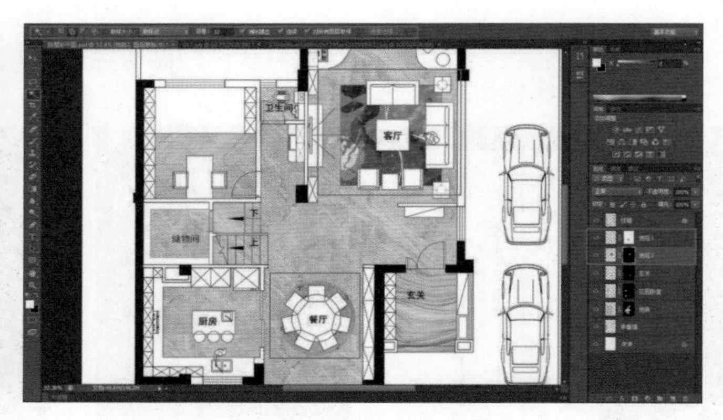

图 3-56　制作客厅与餐厅地毯

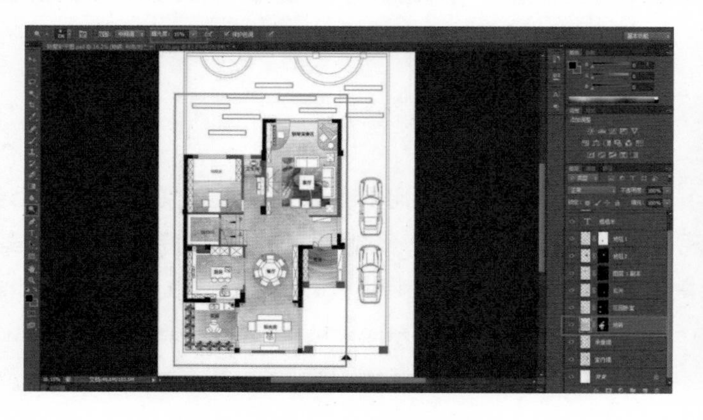

图 3-57　制作亮部

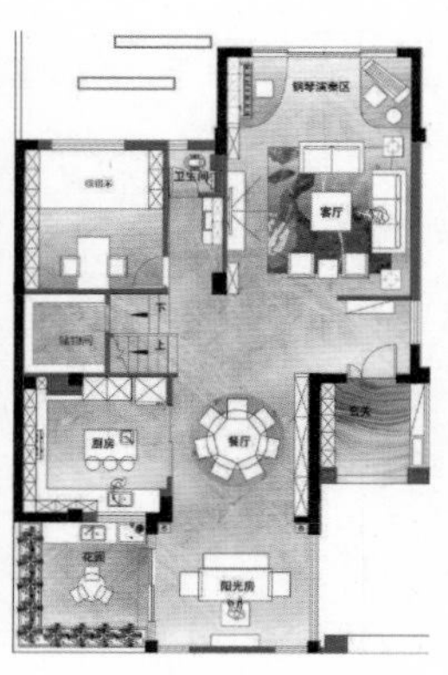

图 3-58　地面光影完成图

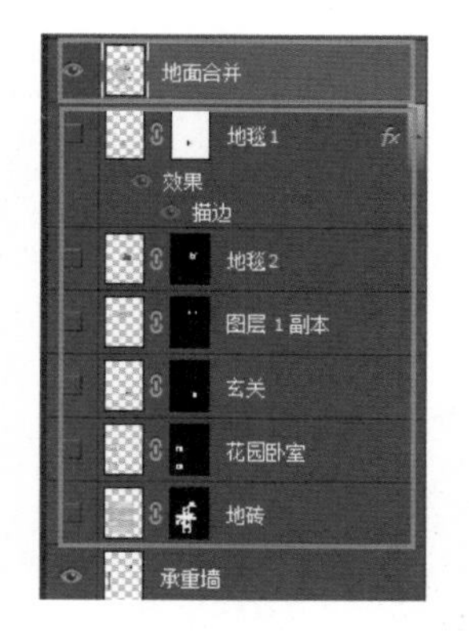

图 3-59 建立“地面合并”图层

② 制作家具投影。

选中所有地砖、地板和地毯图层，按“Ctrl+J”复制，把复制的图层合并，命名为“地面合并”，并把原图层隐藏，如图 3-59 所示。选中“地面合并”图层，点击【添加图层样式】-【内阴影】并修改参数，如图 3-60 所示。家具投影完成图如图 3-61 所示。

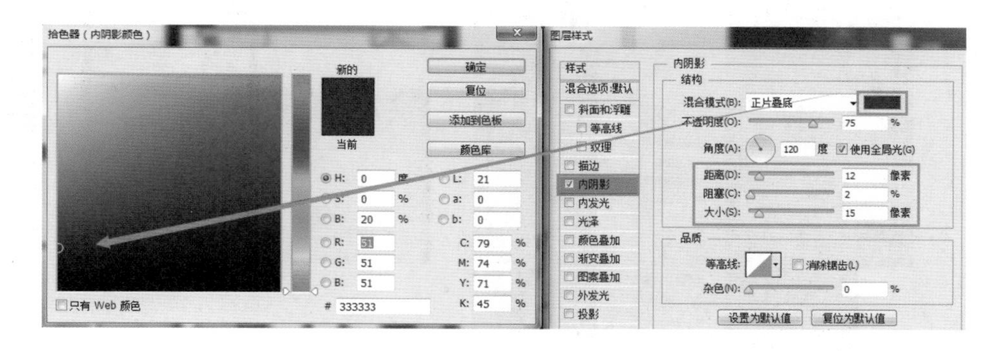

图 3-60 “地面合并”图层内阴影参数

③ 制作家具内阴影。

用【魔棒工具】选取家具的内部，新建图层，按“Alt+Delete”填充白色，如图 3-62 所示。选中该图层，点击【添加图层样式】-【内阴影】并修改参数，如图 3-63 所示。在该图层样式右键菜单中点击【创建图层】，使用【画笔工具】把不合理的内阴影删除，如图 3-64 所示。

图 3-61 家具投影完成图

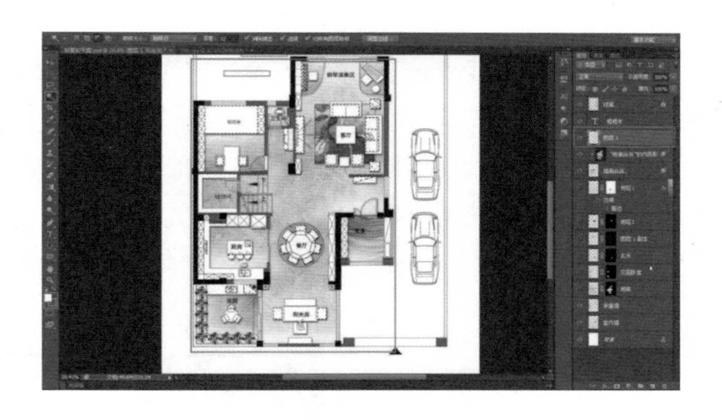

图 3-62 选取家具内部并建立图层

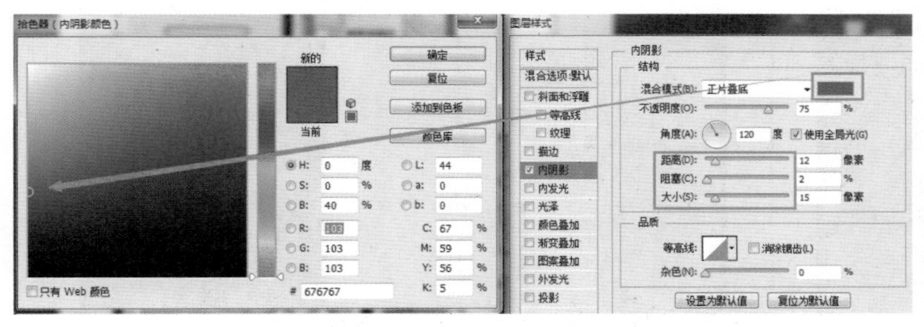

图 3-63 家具内阴影参数

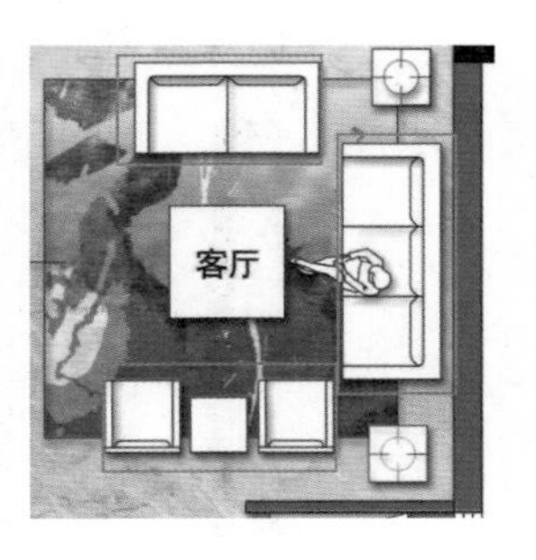

图 3-64 删除不合理的内阴影

④ 制作阳光效果。

复制“承重墙”和“室内墙”图层并合并，隐藏原图层，点击【动作】面板下拉菜单中的【载入动作】，载入“Long Shadow”，如图 3-65 所示。选中合并图层，点击【播放选定的动作】，如图 3-66 所示。把合并图层置为顶层，双击【效果】，勾选【渐变叠加】并修改参数，如图 3-67 所示。

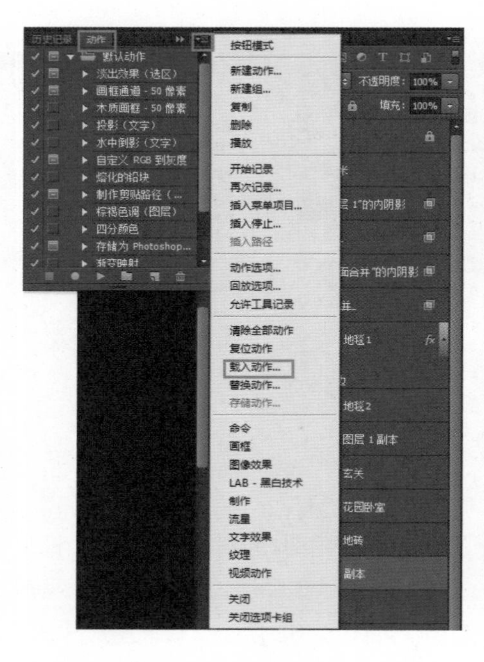

图 3-65 载入“Long Shadow”

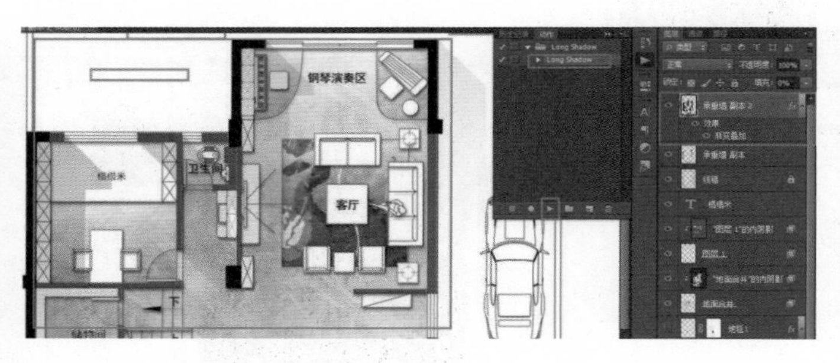

图 3-66 播放“Long Shadow”

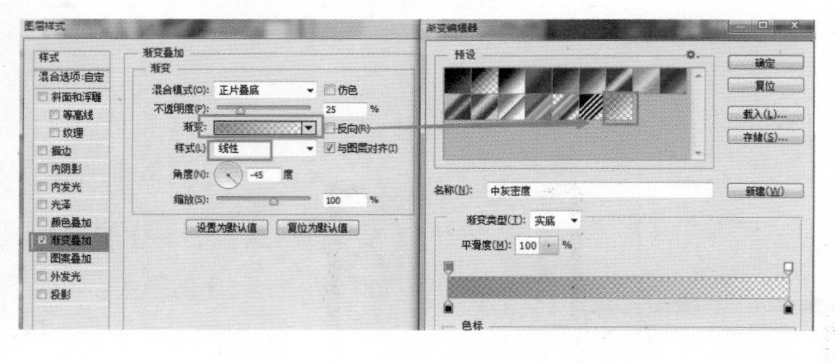

图 3-67 阳光效果【渐变叠加】参数

（5）完善彩色平面图。

① 新建图层，用【魔棒工具】选取室外的草地，填充浅绿色，点击菜单栏【滤镜】-【杂色】-【添加杂色】给草地添加杂色，如图 3-68 所示。

② 用【魔棒工具】选取石板，打开“石材 .jpg”，用【添加图层蒙版】和【添加图层样式】给石板添加材质和投影，如图 3-69 所示。

③ 把绿色植物素材添加到彩色平面图中，最终效果如图 3-70 所示。

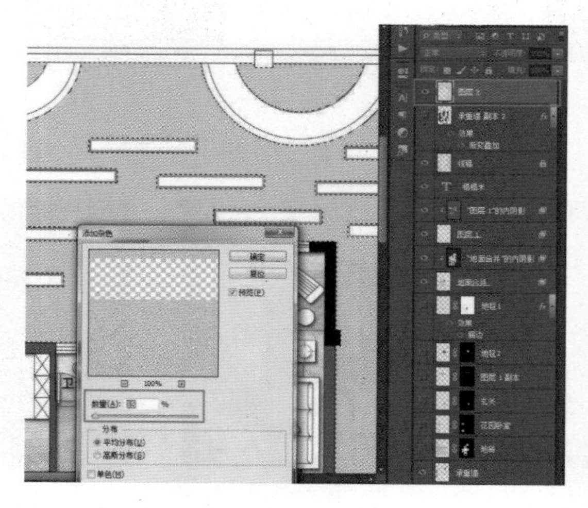

图 3-68 给草地添加杂色

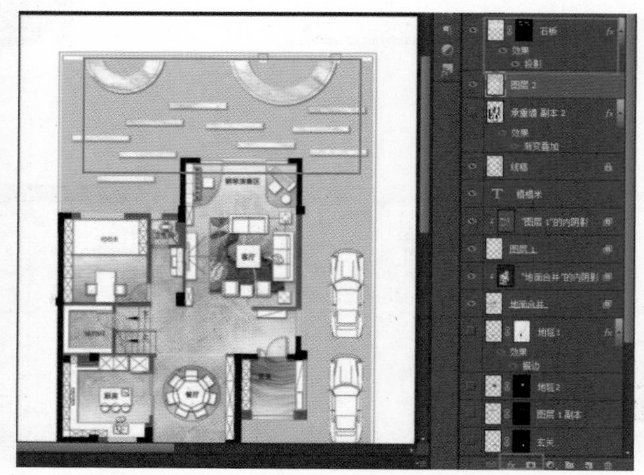

图 3-69 制作石板

三、学习任务小结

通过本次课的学习，同学们基本掌握了运用 Photoshop 制作居住空间（别墅）彩色平面图的方法和要点。制作过程中应注意彩色平面图的整体色调和色彩搭配，以及材质、纹理、光影效果、植物搭配等。课后，同学们要多练习，做到熟能生巧。

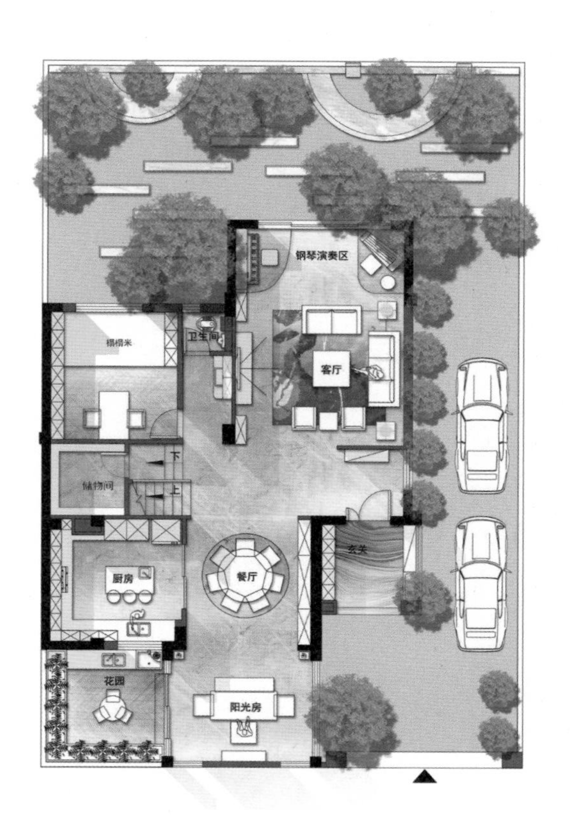

图 3-70 最终效果

四、课后作业

制作 1 张居住空间（别墅）彩色平面图。

扫描二维码可观看商业空间（酒店 ）彩色平面图制作详细步骤

项目四

室内设计效果图后期处理训练

学习任务一　居住空间（客厅）效果图后期处理训练
学习任务二　商业空间（KTV）效果图后期处理训练
学习任务三　商业空间（专卖店）效果图后期处理训练
学习任务四　商业空间（酒店）效果图后期处理训练

居住空间（客厅）效果图后期处理训练

教学目标

（1）专业能力：了解居住空间（客厅）效果图后期处理的具体要求；能够分析三维软件输出的效果图所存在的问题并使用常用工具及命令解决。

（2）社会能力：收集不同设计风格居住空间（客厅）的效果图及相关素材，能够运用 Photoshop 处理居住空间（客厅）效果图。

（3）方法能力：信息和资料收集能力，效果图美学元素的分析、提炼及应用能力。

学习目标

（1）知识目标：掌握居住空间（客厅）效果图后期处理中常用工具及命令，以及光效、色彩和材质调整等知识。

（2）技能目标：能够运用 Photoshop 处理居住空间（客厅）效果图。

（3）素质目标：具备信息汇总、分类、整理能力及语言表达能力。

教学建议

1. 教师活动

教师分析居住空间（客厅）效果图后期处理要点，示范处理方法，并指导学生实训。

2. 学生活动

观看教师示范，进行课堂实训。

扫描二维码，看居住空间（客厅）效果图后期处理详细步骤

一、学习问题导入

用 3ds Max、SketchUp 等三维软件制作、渲染的效果图在基调、光效和软装等方面会存在明显瑕疵和不足，需要用 Photoshop 对其进行美化、亮化和修饰。效果图后期处理通常包含调整画面的整体色调及细部，添加花卉、人物和软装等。

请同学们观察图 4-1，比较一下这两张效果图有什么差别？

图 4-1 居住空间（客厅）效果图后期处理前后对比

二、学习任务讲解

1. 居住空间（客厅）效果图后期处理流程

（1）整体调整。调整整体亮度、对比度和色调。

（2）局部调整。调整局部色调和对比度。

（3）添加配景。配景素材一般包含植物、软装、户外风景等。如果画面已经足够丰富，这一步可以省略。

（4）制作光影效果。如果画面光影效果较好，这一步也可以省略。

2. 居住空间（客厅）效果图后期处理具体步骤

（1）整体调整。

用3ds Max渲染输出的效果图整体较灰暗，亮度不够，色调偏黄。因此，后期处理时应调整画面的整体亮度、对比度和色调。

① 点击菜单栏【文件】-【打开】，打开“别墅客厅效果图.jpg”“通道图.jpg”，使用【移动工具】在按住“Shift”的同时将“通道图.jpg”拖到“别墅客厅效果图.jpg”中，并将其所在图层命名为“彩色通道”，选择“背景”图层并按“Ctrl+J”复制，如图 4-2 所示。

图 4-2 打开文件并编辑图层

将一张图片置入另一张图片中时，按住“Shift”拖动，可以将置入的图片居中放置。如这两张图片的尺寸一致，则可以完全对齐。

② 选择“背景 副本”图层，点击菜单栏【图像】-【调整】-【亮度/对比度】，调整亮度、对比度，参数如图 4-3 所示。按“Ctrl+L”调整色阶，参数如图 4-4 所示。按“Ctrl+M”调整曲线，参数如图 4-5 所示。

图 4-3 亮度、对比度参数

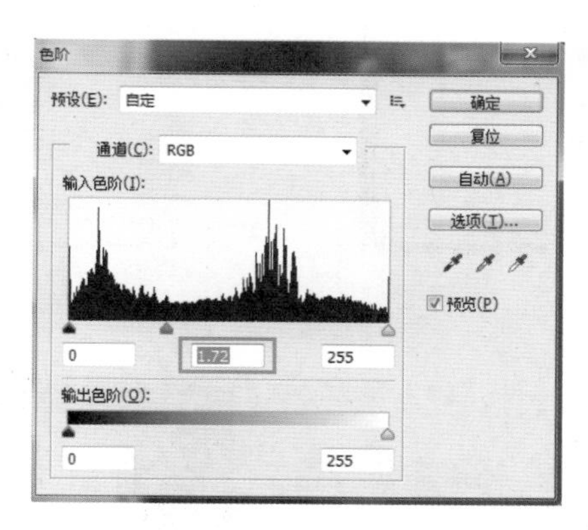

图 4-4 色阶参数

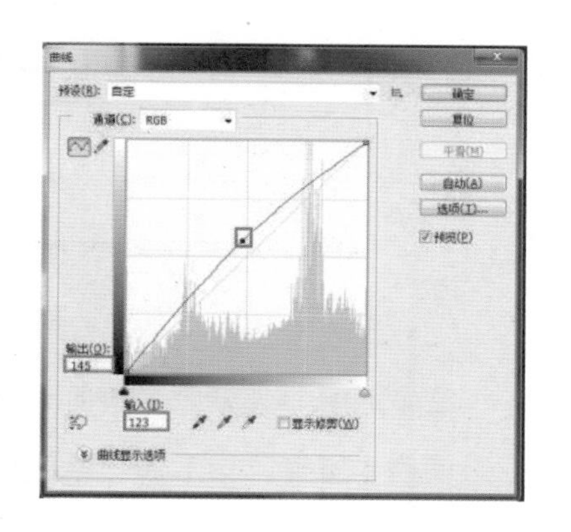

图 4-5 曲线参数

③ 按“Ctrl+B”分别调整【阴影】、【中间调】、【高光】，参数分别如图4-6～图4-8所示。

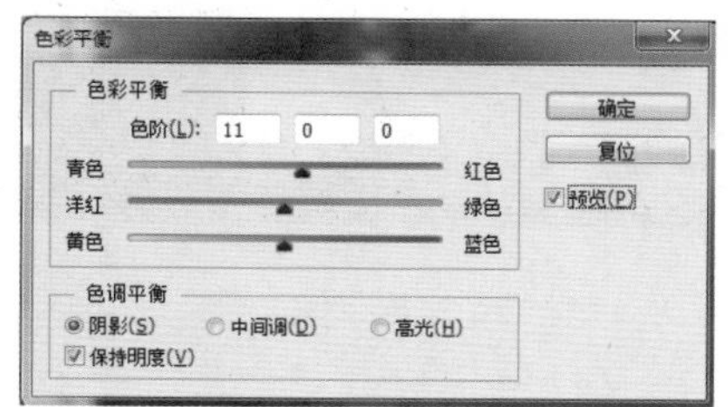

图 4-6 阴影参数

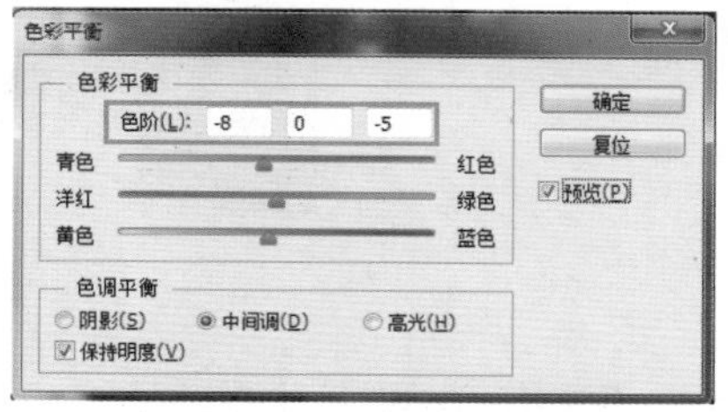

图 4-7 中间调参数

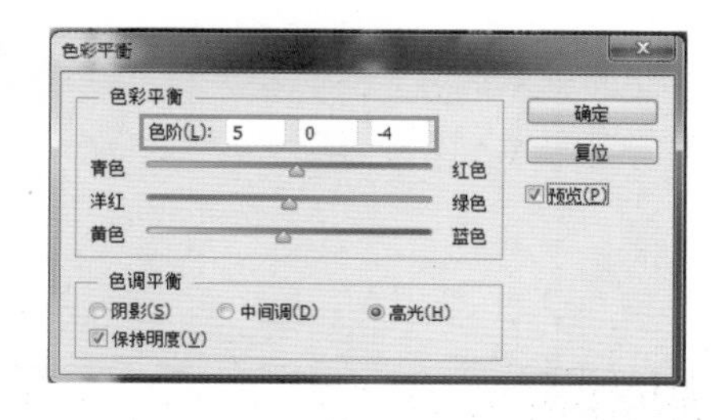

图 4-8 高光参数

整体调整前后对比如图 4-9 所示。

图 4-9 整体调整前后对比

（2）局部调整。

① 先调整吊顶。

选择“彩色通道”图层，点击【魔棒工具】，取消勾选【对所有图层取样】，选取吊顶，如图 4-10 所示。

图 4-10 选取吊顶

创建选区后，选择“背景 副本”图层，按“Ctrl+J”即可复制选区中的图像到新的图层，将其命名为“吊顶”。按“Ctrl+B”调整色彩平衡，参数如图 4-11 所示。按“Ctrl+U”调整色相、饱和度、明度，参数如图 4-12 所示。

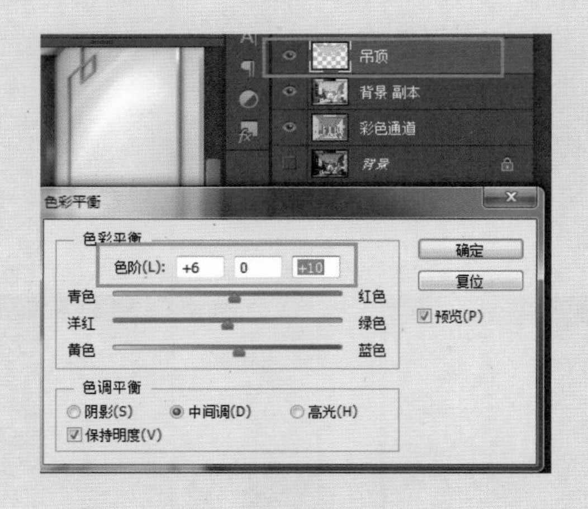

图 4-11 “吊顶”图层色彩平衡参数

图 4-12 “吊顶”图层色相、饱和度、明度参数

② 再调整沙发背景和电视背景木纹细节。

使用【魔棒工具】在“彩色通道”图层中选取沙发背景和电视背景木纹，选择“背景 副本”图层，按“Ctrl+J”复制选区到新的图层，将其命名为“墙面”，如图 4-13 所示。按“Ctrl+B”调整色彩平衡，参数如图 4-14 所示。按“Ctrl+L”调整色阶，参数如图 4-15 所示。

图 4-13 新建“墙面”图层

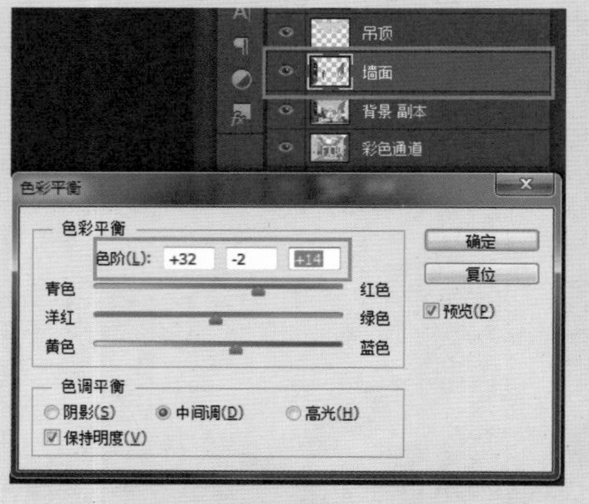

图 4-14 “墙面”图层色彩平衡参数

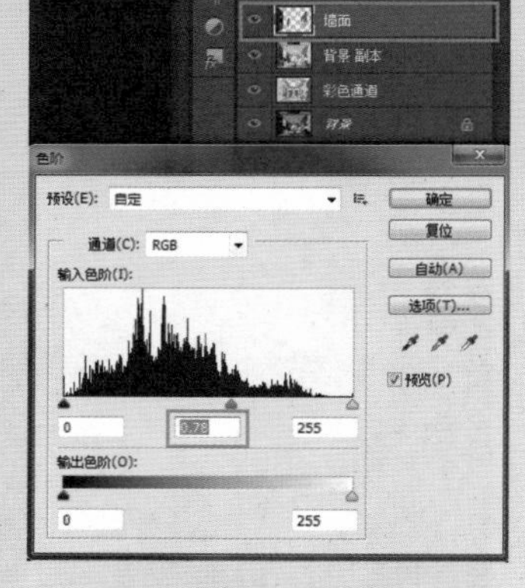

图 4-15 “墙面”图层色阶参数

③ 然后调整金属条细节。

使用【魔棒工具】在“彩色通道”图层中选取金属条，选择“背景 副本”图层，按“Ctrl+J”复制选区到新的图层，将其命名为“金属条”，如图 4-16 所示。按“Ctrl+B”调整色彩平衡，参数如图 4-17 所示。

图 4-16 新建“金属条”图层

图 4-17 “金属条”图层色彩平衡参数

④ 接着用同样的方法调整家具木纹细节。

使用【魔棒工具】在“彩色通道”图层中选取家具木纹，选择“背景 副本”图层，按“Ctrl+J”复制选区到新的图层，将其命名为“家具木纹”，如图 4-18 所示。按“Ctrl+B”调整色彩平衡，参数如图 4-19 所示。

图 4-18 选取家具木纹

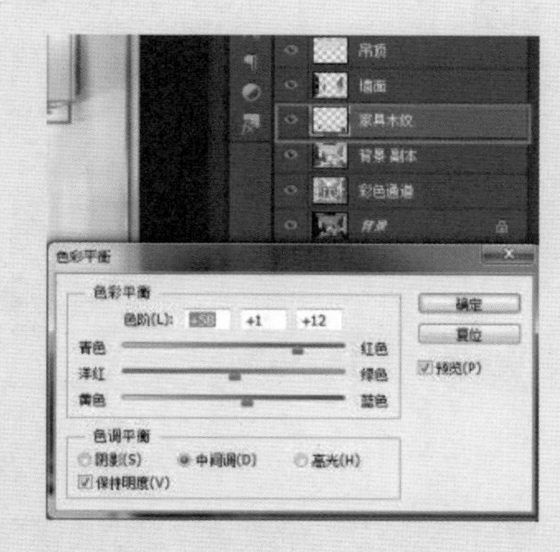

图 4-19 “家具木纹”图层色彩平衡参数

图 4-20 “地面”图层色彩平衡参数

⑤ 继续调整地面材质细节。

使用【魔棒工具】在“彩色通道”图层中选取地面，选择“背景 副本”图层，按“Ctrl+J”复制选区到新的图层，将其命名为“地面”。按“Ctrl+B”调整色彩平衡，参数如图 4-20 所示。

⑥ 最后调整近景沙发细节。

使用【魔棒工具】在“彩色通道”图层中选取近景沙发，选择“背景 副本”图层，按“Ctrl+J”复制选区到新的图层，将其命名为“沙发”，如图 4-21 所示。按“Ctrl+U”调整色相、饱和度，按“Ctrl+B”调整色彩平衡，参数如图 4-22 和图 4-23 所示。

图 4-21 选取近景沙发

图 4-22 “沙发”图层色相、饱和度参数

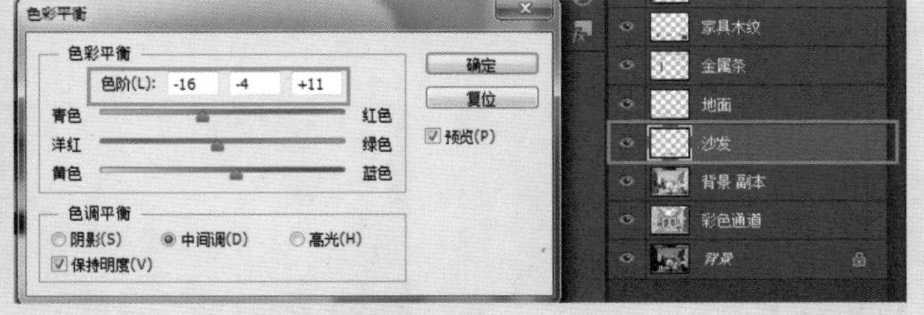

图 4-23 “沙发”图层色彩平衡参数

点击菜单栏【选择】-【色彩范围】，使用对话框中的【取样颜色】吸取沙发亮部的颜色，如图 4-24 所示。点击【确定】后再点击菜单栏【选择】-【反向】，选中“沙发”图层，将前景色设置为灰色，使用【加深工具】加深沙发暗部，以加强近景明暗对比，如图 4-25 所示。按“Ctrl+D”取消选区。

图 4-24 吸取沙发亮部颜色

图 4-25 加深沙发暗部

（3）最终调整。

① 完成整体调整和局部调整后，按“Ctrl+Shift+Alt+E”向下盖印图层，完成图如图 4-26 所示。

②裁剪及删除瑕疵。

使用【裁剪工具】裁剪地面多余部分，如图 4-27 所示，完成图如图 4-28 所示。

使用【修补工具】选取射灯，拖到空白处，把射灯删除，如图 4-29 所示，完成图如图 4-30 所示。

③ 按“Ctrl+Shift+Alt+E”向下盖印图层，然后按“Ctrl+J”复制图层，把“图层 2 副本”图层的混合模式改为【正片叠底】，【填充】调至 35%，如图 4-31 所示，完成图如图 4-32 所示。

图 4-26 整体和局部调整完成图

图 4-27 裁剪地面多余部分

图 4-28 裁剪完成图

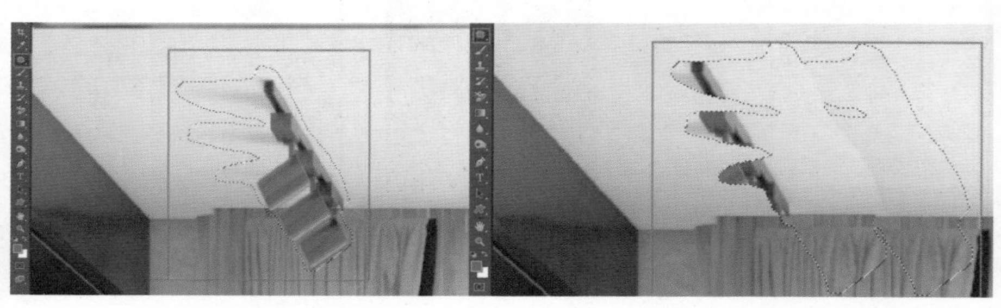

图 4-29 删除射灯

图 4-30 删除射灯完成图

3. 居住空间效果图后期处理作品赏析

图 4-33 为新中式风格餐厅效果图后期处理前后对比。原效果图明度较低，色彩对比不够强烈，色调偏黄，没有突出主体；处理后的效果图画面清晰、明亮，色彩对比明显，构图更加集中。

图 4-34 为现代风格客厅效果图后期处理前后对比。原效果图色调昏暗，色彩对比平淡；处理后的效果图画面清晰、明亮，色彩对比强烈。

三、学习任务小结

通过本次课的学习，同学们已经初步了解了居住空间（客厅）效果图后期处理的流程、步骤，对居住空间（客厅）效果图后期处理有了全面的认识。课后，同学们要多加练习，制作出优秀的效果图后期处理作品。

四、课后作业

（1）收集 10 套不同设计风格的居住空间（客厅）效果图。

（2）选择 1 张居住空间（客厅）效果图进行后期处理。

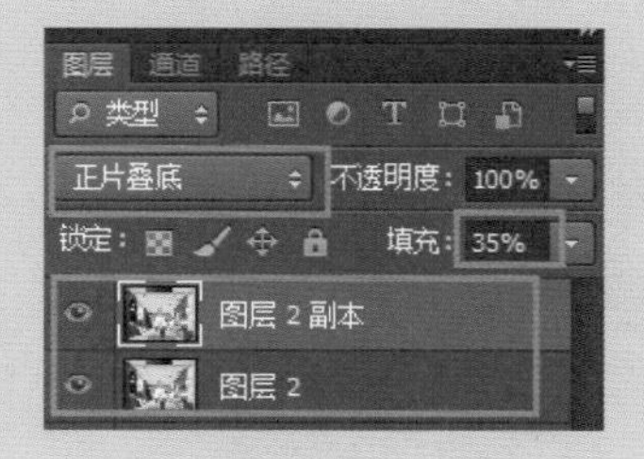

图 4-31 盖印图层并调整参数

图 4-32 最终完成图

图 4-33 新中式风格餐厅效果图后期处理前后对比

图 4-34 现代风格客厅效果图后期处理前后对比

商业空间（KTV）效果图后期处理训练

教学目标

（1）专业能力：能够分析用 3ds Max 渲染输出的效果图存在的问题并使用常用工具及命令进行处理。

（2）社会能力：具备商业空间（KTV）效果图分析能力，能运用 Photoshop 处理商业空间（KTV）效果图。

（3）方法能力：信息和资料收集能力，团队协作能力，归纳、总结及应用能力。

学习目标

（1）知识目标：掌握运用 Photoshop 中常用工具及命令对商业空间（KTV）效果图进行后期处理的方法。

（2）技能目标：掌握商业空间（KTV）效果图中色彩的调整方法，以及特殊光效的制作方法。

（3）素质目标：具备自主分析能力、资料收集和整理能力、语言表达和沟通能力、团队协作能力。

教学建议

1. 教师活动

教师示范商业空间（KTV）效果图后期处理的方法，并指导学生实训。

2. 学生活动

观看教师示范，进行课堂实训。

扫描二维码，看商业空间（KTV）效果图后期处理详细步骤

一、学习问题导入

请同学们从专业的角度分析图 4-35 和图 4-36。图 4-35 是用 3ds Max 渲染输出的效果图，图 4-36 是经过后期处理的效果图，它在识别度、空间美感等方面比图 4-35 更好。

图 4-35　商业空间（KTV）效果图后期处理前

图 4-36　商业空间（KTV）效果图后期处理后

用 3ds Max 渲染输出的效果图常存在以下问题：

① 整体灯光过亮或过暗，效果不够理想；

② 家具、软装的立体感不够强；

③ 没有充分体现材质；

④ 构图不美观。

以上情况均可以运用 Photoshop 快速方便地处理并调整出较好的效果。接下来，我们一起来学习商业空间（KTV）效果图后期处理的方法。

二、学习任务讲解

1. 商业空间（KTV）效果图后期处理流程

（1）整体调整。对整体色调、亮度和对比度进行调整，让画面更加艳丽、明亮。

（2）局部调整。对局部亮度、对比度、色调和立体感进行精细调整。

（3）添加特殊光效。采取添加特殊光效的方法增强画面的立体感。

（4）添加配景。添加人物等配景素材，丰富画面细节。

2. 商业空间（KTV）效果图后期处理具体步骤

（1）整体调整。

用 3ds Max 渲染输出的商业空间（KTV）效果图一般存在整体亮度不足、层次较模糊、色调偏灰的缺点。因此，需要用 Photoshop 对其进行后期处理，调整画面的整体效果。

① 点击菜单栏【文件】-【打开】，打开“KTV.tga”“KTV 通道 .tga”，如图 4-37 和 4-38 所示。

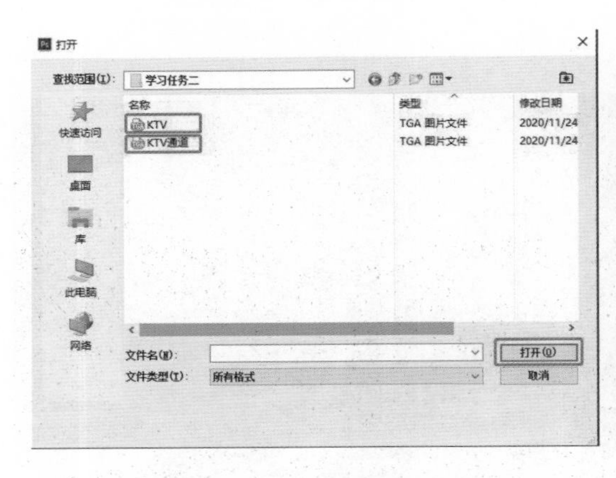

图 4-37 【打开】对话框

图 4-38 打开文件

② 选择【移动工具】，如图 4-39 所示，按住“Shift”的同时将“KTV 通道 .tga”拖到“KTV.tga”中，并将其所在的图层命名为“通道”，再将“KTV 通道 .tga”关闭。

③ 双击“背景”图层，在弹出的【新建图层】对话框中点击【确定】，此时“背景”图层被命名为“图层 0”，再将“通道”图层隐藏，如图 4-40 所示。

④ 确认“图层 0”图层为当前图层，点击菜单栏【图像】-【调整】-【曲线】，在弹出的【曲线】对话框中设置各项参数，如图 4-41～图 4-43 所示。

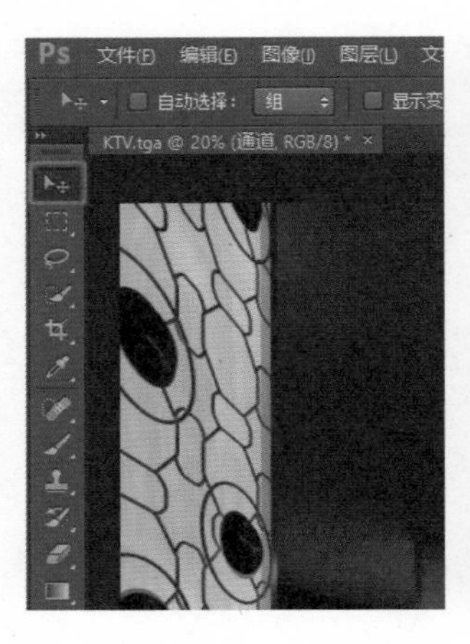

图 4-39 选择【移动工具】

图 4-40 编辑图层

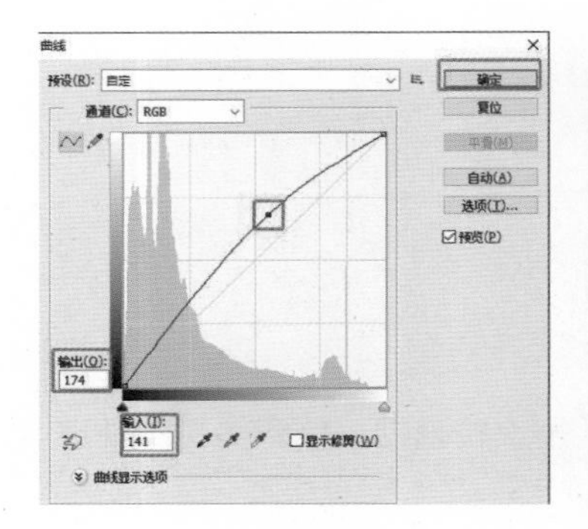

图 4-41 曲线参数

图 4-42 调整曲线之前的效果图

图 4-43 调整曲线之后的效果图

⑤ 点击菜单栏【图像】-【调整】-【色彩平衡】，在弹出的【色彩平衡】对话框中设置各项参数，如图 4-44 ~ 图 4-46 所示。

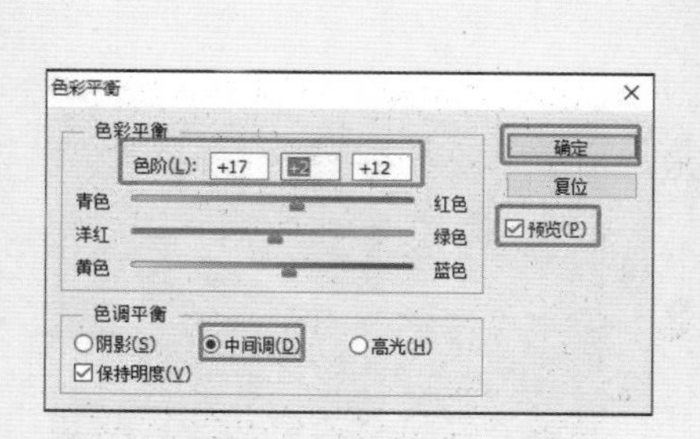

图 4-44 色彩平衡参数　　图 4-45 调整色彩平衡之前的效果图　　图 4-46 调整色彩平衡之后的效果图

⑥ 点击菜单栏【图像】-【调整】-【亮度 / 对比度】，在弹出的【亮度 / 对比度】对话框中设置各项参数，如图 4-47 ~ 图 4-49 所示。

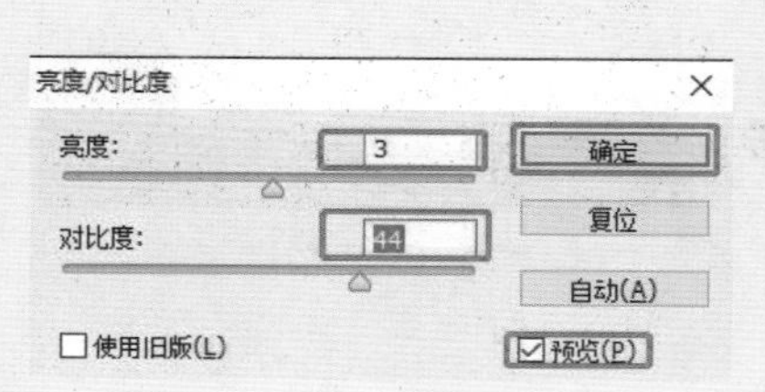

图 4-47 亮度、对比度参数　　图 4-48 调整亮度、对比度之前的效果图　　图 4-49 调整亮度、对比度之后的效果图

（2）局部调整。

① 显示并选中“通道”图层，使用【魔棒工具】选取代表天花部位的紫色区域，如图 4-50 ~ 图 4-52 所示。

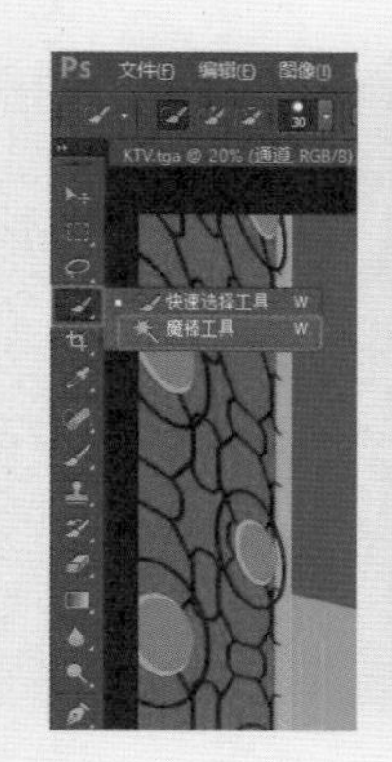

图 4-50 选择【魔棒工具】　　图 4-51 显示并选中“通道”图层　　图 4-52 选取天花

建立选区后，隐藏“通道”图层，点击“图层 0”图层，按“Ctrl+J”复制选区到新的图层，将其命名为“天花”，如图 4-53 所示。

确认“天花”图层为当前图层，点击菜单栏【图像】-【调整】-【亮度 / 对比度】，在弹出的【亮度 / 对比度】对话框中设置各项参数，如图 4-54 ~ 图 4-56 所示。

图 4-53 新建“天花”图层

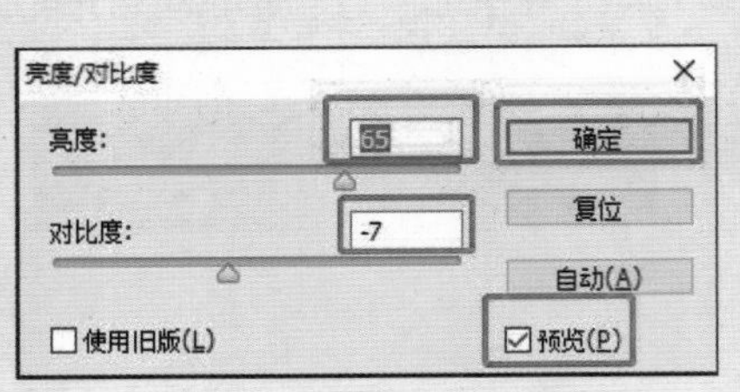

图 4-54 “天花”图层亮度、对比度参数

图 4-55 调整“天花”图层亮度、对比度之前的效果图

② 建立“地板”图层，点击菜单栏【图像】-【调整】-【色彩平衡】，分别调整【阴影】、【中间调】、【高光】，以获取最佳效果，如图 4-57 ~ 图 4-59 所示。

图 4-56 调整“天花”图层亮度、对比度之后的效果图

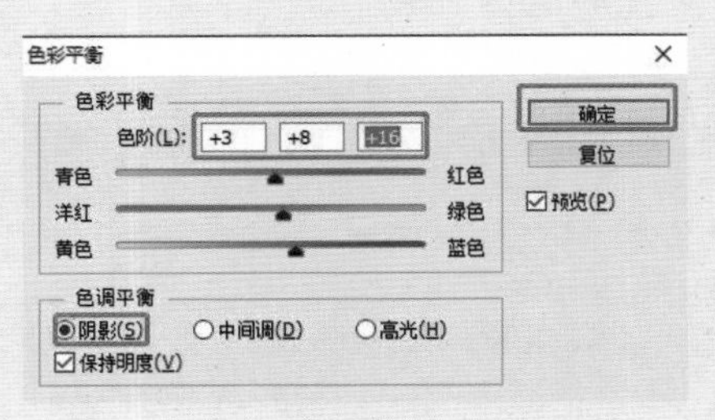

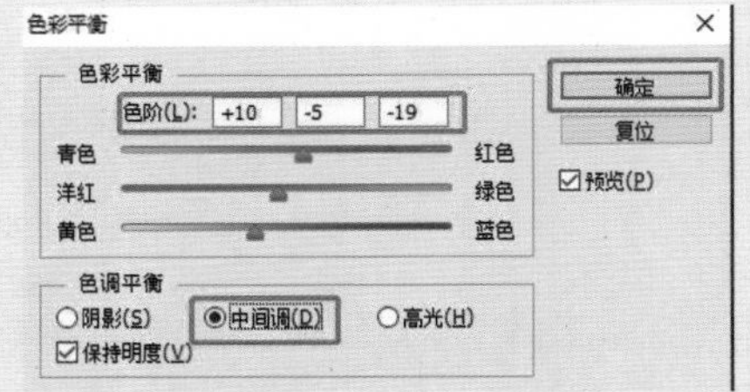

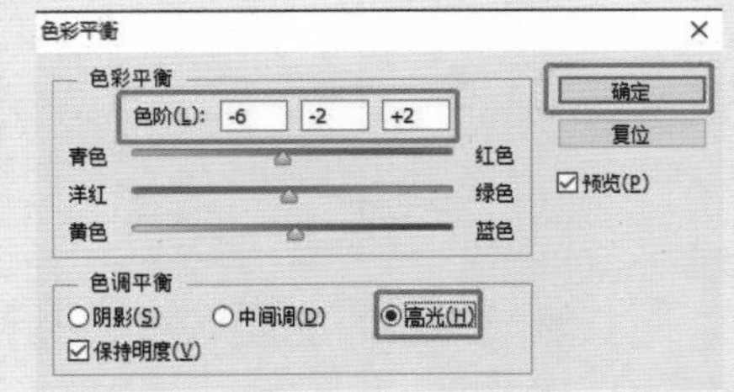

图 4-57 “地板”图层色彩平衡参数

图 4-58 调整“地板”图层色彩平衡之前的效果图

图 4-59 调整“地板”图层色彩平衡之后的效果图

③ 建立“沙发”图层，点击菜单栏【图像】-【调整】-【色阶】进行调整，如图 4-60 ~ 图 4-62 所示。

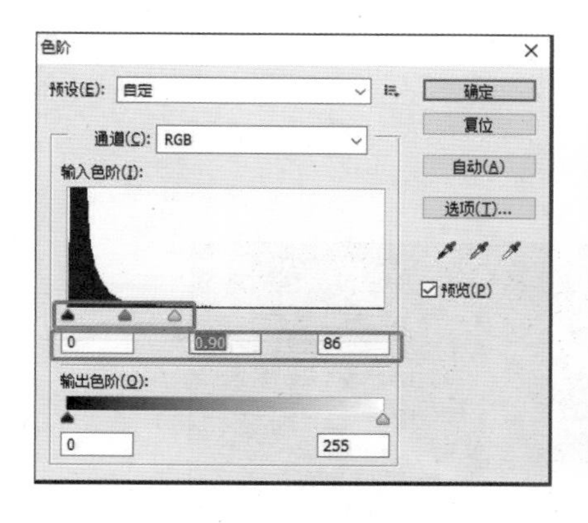

图 4-60 “沙发”图层色阶参数

图 4-61 调整“沙发”图层色阶之前的效果图

图 4-62 调整“沙发”图层色阶之后的效果图

（3）添加特殊光效。

① 点击菜单栏【文件】-【打开】，打开“光晕效果 .png”，如图 4-63 和图 4-64 所示。

② 使用【移动工具】将“光晕效果 .png”拖到效果图中，并依次复制到每个筒灯处，调整光晕的大小，并注意“近大远小”的透视关系，如图 4-65 所示。

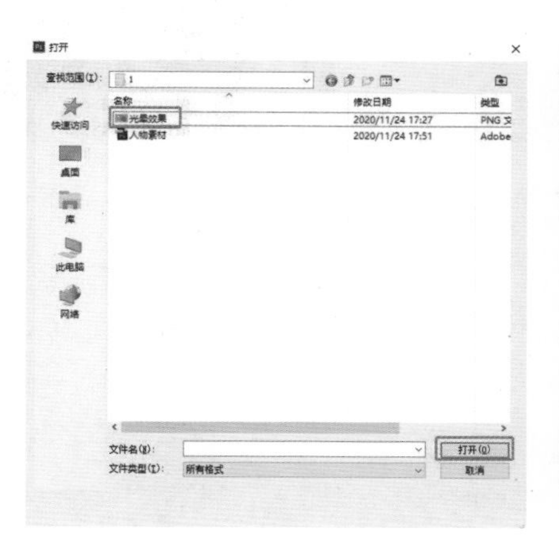

图 4-63 打开“光晕效果 .png”

图 4-64 光晕效果

图 4-65 为筒灯添加光晕效果

（4）添加配景。

添加人物素材可以让商业空间（KTV）效果图更加贴近生活，同时营造出更加立体、真实的空间感。

① 点击菜单栏【文件】-【打开】，打开“人物素材 .psd”，如图 4-66 和图 4-67 所示。

② 使用【移动工具】将“人物素材 .psd”拖到效果图中，并将其所在图层名称修改为“人物”，如图 4-68 所示。

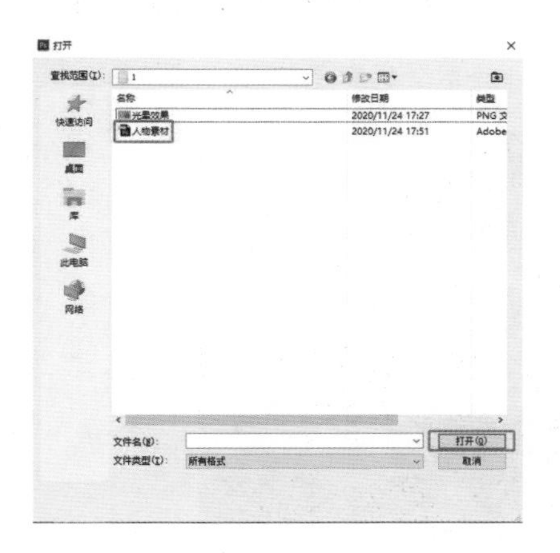

图 4-66 打开“人物素材 .psd”文件

图 4-67 人物素材

图 4-68 将人物素材拖到效果图中

③ 选择“人物”图层，将人物素材调整到合适大小后，点击菜单栏【图像】-【调整】-【曲线】进行调整，如图 4-69 和图 4-70 所示。

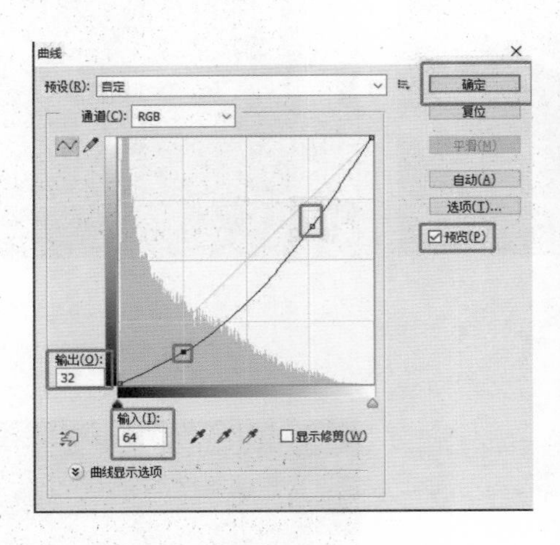

图 4-69 “人物”图层曲线参数

图 4-70 调整曲线后人物更贴合环境

再点击菜单栏【图像】-【调整】-【曝光度】进行调整，如图 4-71 和图 4-72 所示。

④ 选择“人物”图层，按“Ctrl+J”复制图层，命名为“人物倒影”；按“Ctrl+T”，在右键菜单中选择【垂直翻转】，如图 4-73 所示；再将其移至人物脚部使画面呈现倒影效果，用【矩形选框工具】选取人物倒影身体部分后按“Delete”删除，如图 4-74 所示；将【不透明度】调至 62%，如图 4-75 所示。

选择“人物倒影”图层，点击菜单栏【滤镜】-【模糊】-【高斯模糊】，在弹出的【高斯模糊】对话框中设置【半径】为 5.9 像素，单击【确定】，如图 4-76 和图 4-77 所示。

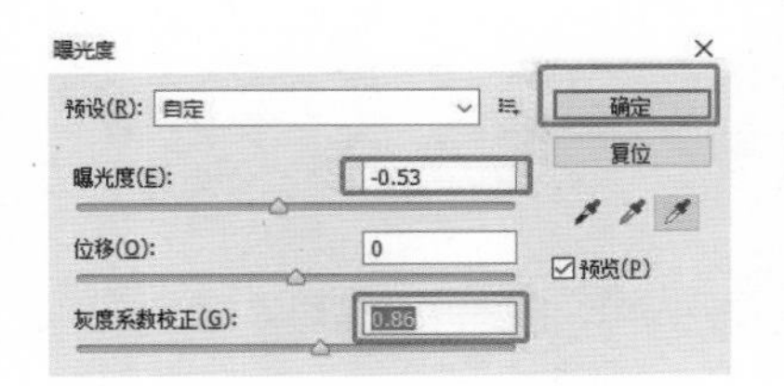

图 4-71 “人物”图层曝光度参数

图 4-72 调整曝光度后人物效果

图 4-73 将“人物倒影”垂直翻转

图 4-74 删除人物倒影身体部分

图 4-75 调整“人物倒影”图层不透明度

（5）保存文件。

点击菜单栏【文件】-【存储为】，将文件命名为“商业空间 KTV 后期效果图 .psd”并保存，如图 4-78 所示。

商业空间（KTV）最终效果图如图 4-79 所示。

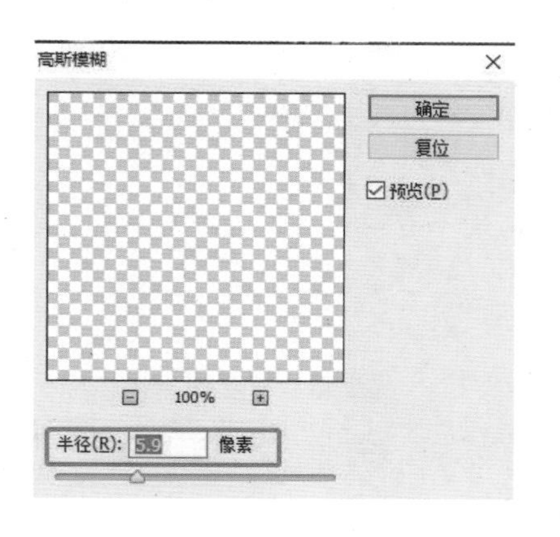

图 4-76 高斯模糊参数

图 4-77 设置高斯模糊后的人物倒影效果

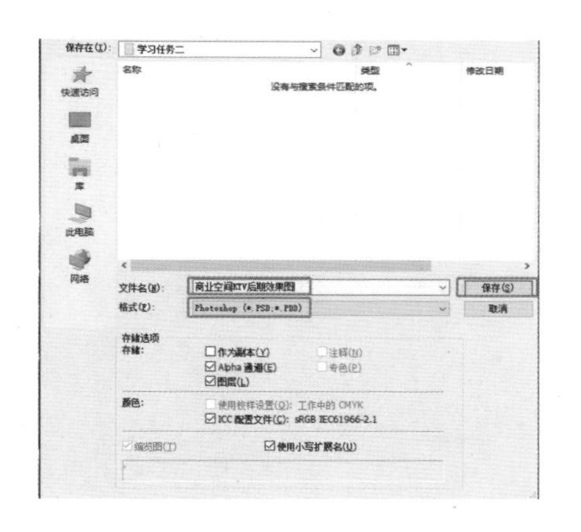

图 4-78 保存文件

图 4-79 商业空间（KTV）最终效果图

三、学习任务小结

通过本次课的学习，同学们已经系统、完整地掌握了商业空间（KTV）效果图后期处理的方法、步骤和技巧。课后，同学们要反复练习，提高效果图后期处理水平。

四、课后作业

收集优秀的商业空间（KTV）效果图，并用 Photoshop 完成 1 张商业空间（KTV）效果图的后期处理。

商业空间（专卖店）效果图后期处理训练

教学目标

（1）专业能力：能够使用 Photoshop 处理商业空间（专卖店）效果图中存在的问题。

（2）社会能力：具备商业空间（专卖店）效果图分析能力，能够运用 Photoshop 处理商业空间（专卖店）效果图。

（3）方法能力：信息和资料收集能力，效果图美学元素的分析、提炼及应用能力。

学习目标

（1）知识目标：掌握运用 Photoshop 对商业空间（专卖店）效果图进行后期处理的方法。

（2）技能目标：掌握商业空间（专卖店）效果图中色彩的调整方法，以及特殊光效的制作方法。

（3）素质目标：具备自主分析能力、资料收集和整理能力、语言表达能力、团队协作能力。

教学建议

1. 教师活动

教师示范商业空间（专卖店）效果图后期处理的方法，并指导学生实训。

2. 学生活动

观看教师示范，进行课堂实训。

扫描二维码，看商业空间（专卖店）效果图后期处理详细步骤

一、学习问题导入

同学们观察图 4-80，比较一下这两张效果图的差异。

图 4-80 商业空间（专卖店）效果图后期处理前后对比

商业空间（专卖店）效果图后期处理中照明是关键。照明可以分为橱窗照明、一般照明和重点照明，以及特殊功能照明（如收银台等）。专卖店照明要求比百货商店高，其中重点区域、重要商品的照明要求更高。专卖店的色调偏暖，显色指数较高，局部照明、重点照明和区域照明的搭配组合可以营造出高品质光环境。从图 4-80 可以明显看出，用 3ds Max 渲染输出的效果图（左图）较为灰暗，光效不够，空间感不强，缺少生机和真实感。因此，可以使用 Photoshop 对其进行后期处理。本次课我们来学习商业空间（专卖店）效果图后期处理的方法。

二、学习任务讲解

1. 商业空间（专卖店）效果图后期处理流程

（1）整体调整。对整体色调进行调整，让画面更加明亮。

（2）局部调整。对局部亮度、对比度、立体感和色调进行精细调整。

（3）添加特殊光效。采取添加特殊光效的方法增强画面的立体感。

（4）添加配景。添加绿植等配景素材，丰富画面细节，增强生机和真实感。

2. 商业空间（专卖店）效果图后期处理具体步骤

（1）整体调整。

① 点击菜单栏【文件】-【打开】，打开“专卖店通道 .jpg”“专卖店白膜 .jpg”和“专卖店 .jpg”，如图 4-81 所示。

② 点击【移动工具】，按住“Shift”的同时将“专卖店通道 .jpg”“专卖店白膜 .jpg”拖到“专卖店 .jpg”中，再将“专卖店通道 .jpg”和“专卖店白膜 .jpg”关闭。

③ 将“专卖店通道 .jpg”所在图层命名为“颜色通道”，将“专卖店白膜 .jpg”所在图层命名为“白色阴影”，将“背景”图层复制生成两个拷贝图层并置为顶层，选择“背景 副本 2”图层，将图层混合模式设置为【滤色】，如图 4-82 所示。设置后效果如图 4-83 所示。

图 4-81 打开文件

4-82 复制并编辑图层

④ 按住“Ctrl”的同时选择“背景 副本”和“背景 副本 2”图层，再按“Ctrl+E”将它们合并，如图 4-84 所示。

⑤ 选择“背景 副本”图层，按“Ctrl+M”，在弹出的【曲线】对话框中调整曲线，如图 4-85 和图 4-86 所示。

⑥ 画面整体色调略偏蓝，应削弱蓝色。按“Ctrl+B”，在弹出的【色彩平衡】对话框中将“黄色 - 蓝色”滑块移向黄色，以达到削弱蓝色的目的，如图 4-87 和图 4-88 所示。

⑦ 使用【裁剪工具】裁剪画面左侧展示柜多余部分，如图 4-89 和图 4-90 所示。

图 4-83 设置图层混合模式后效果

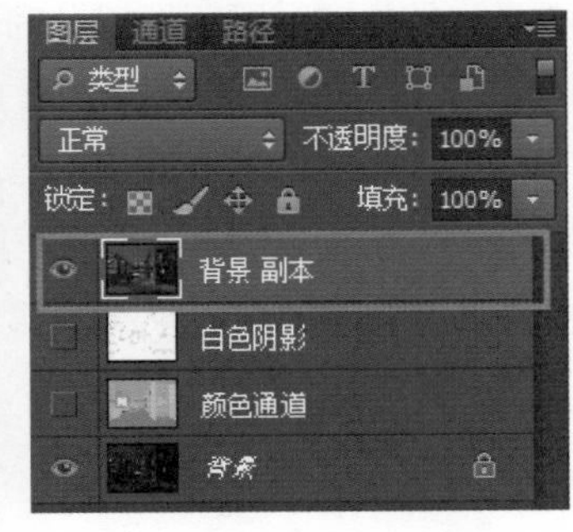
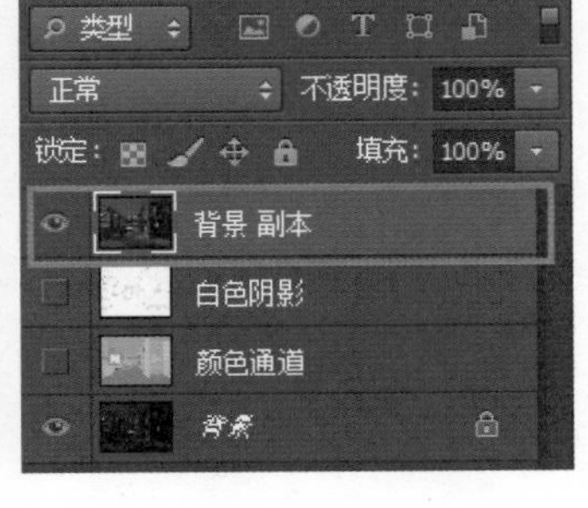

图 4-84 合并图层

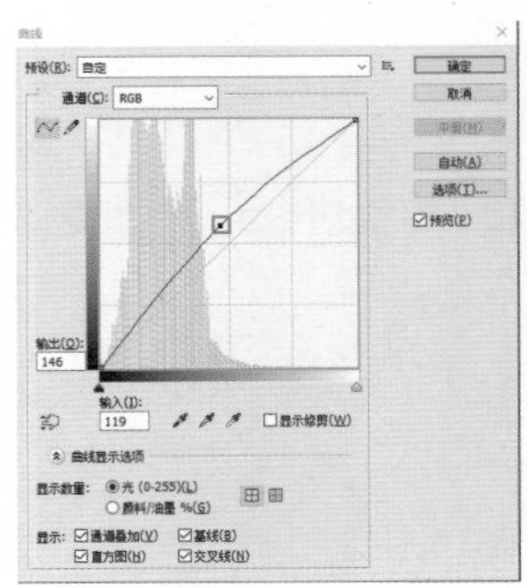

图 4-85 调整曲线

图 4-86 调整曲线后效果

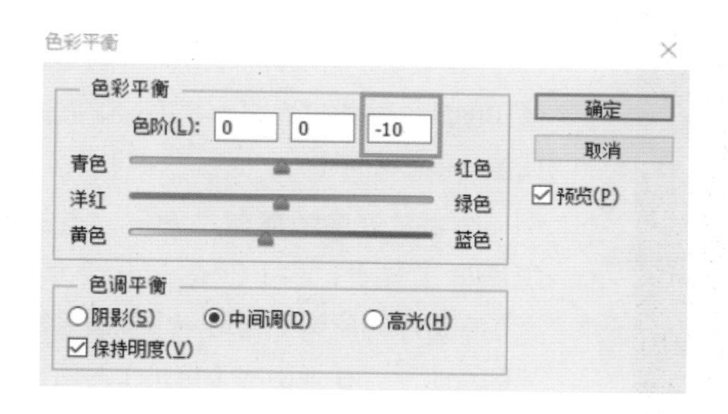

图 4-87 调整色彩平衡

图 4-88 调整色彩平衡后效果

图 4-89 裁剪多余部分

图 4-90 裁剪后效果

（2）局部调整。

① 隐藏“背景 副本”图层，选择“颜色通道”图层，使用【魔棒工具】选取顶棚，如图 4-91 所示。

创建选区后，显示并选择“背景 副本”图层，按“Ctrl+J”复制选区中的图像到新的图层，将其命名为“顶棚”。点击菜单栏【图像】-【调整】-【亮度/对比度】，在弹出的【亮度/对比度】对话框中设置合适的参数，如图 4-92 所示。

在“顶棚”图层添加图层蒙版，如图 4-93 所示。按住“Shift”和鼠标左键，拖动鼠标为图层蒙版拉一个自上而下的渐变，使顶棚由近及远，明度渐渐降低，立体感更强，如图 4-94 所示。调整顶棚后效果如图 4-95 所示。

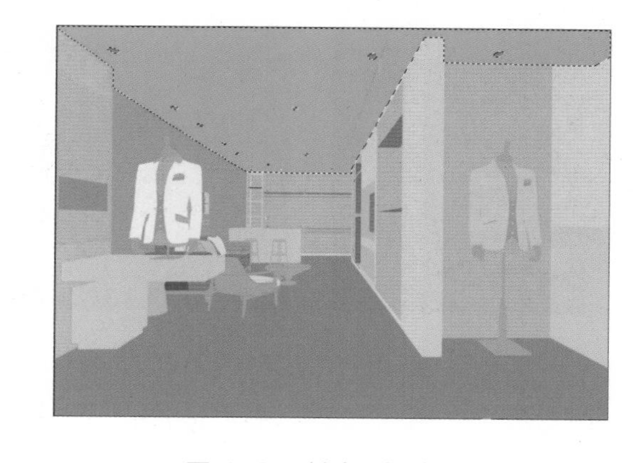

图 4-91 创建顶棚选区

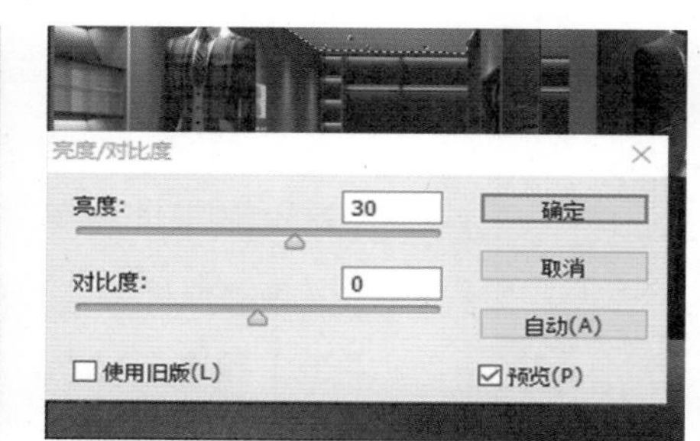

图 4-92 调整顶棚亮度、对比度

图 4-93 在“顶棚”图层添加图层蒙版

图 4-94 为图层蒙版拉渐变

图 4-95 调整顶棚后效果

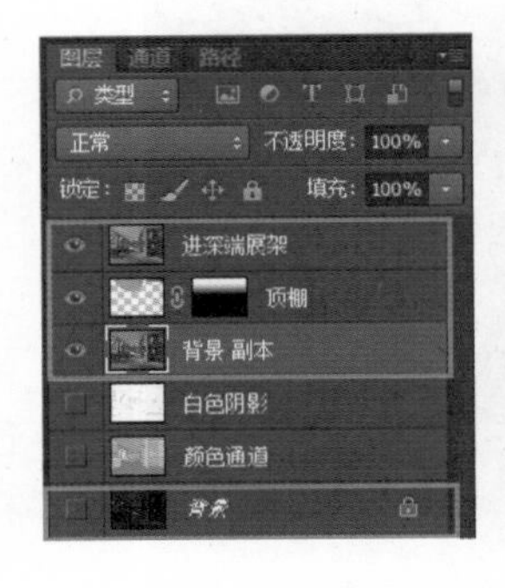

图 4-96 盖印图层　　图 4-97 创建椭圆选区并调整色阶

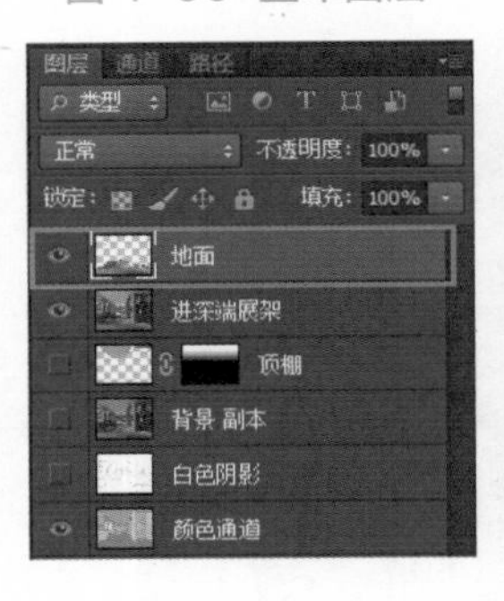

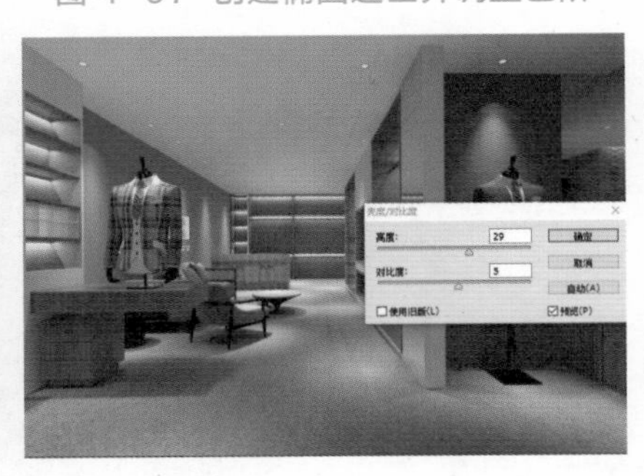

图 4-98 调整地面亮度、对比度

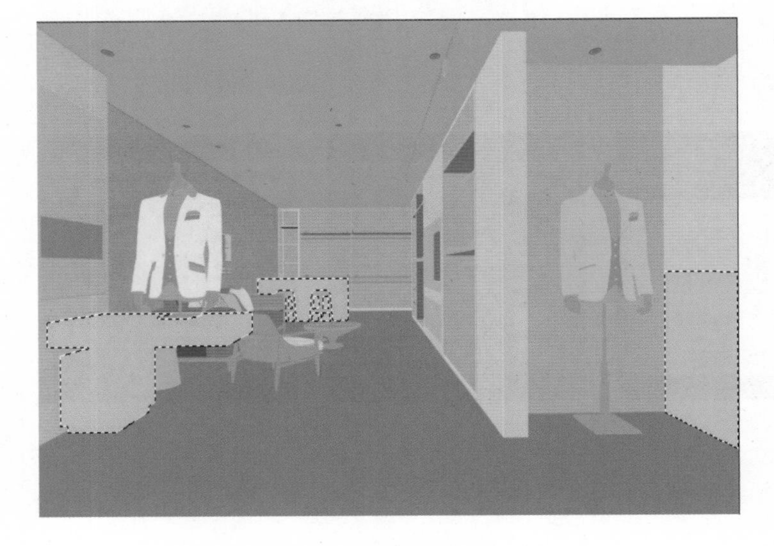

图 4-99 创建柜台选区

② 隐藏“背景”图层，只显示“顶棚”与“背景 副本”图层，按“Ctrl+Shift+Alt+E”盖印图层，并将其命名为“进深端展架”，如图 4-96 所示。

选中“进深端展架”图层，点击【椭圆选框工具】，将【羽化】设置为 50 像素，在进深端展架处框选一个椭圆区域，按“Ctrl+L”，在弹出的【色阶】对话框中将【输入色阶】数值分别设置为 30、1.15、210，【输出色阶】数值分别设置为 25、255。再按“Ctrl+H”隐藏选区，便于观察效果，如图 4-97 所示。

③ 隐藏其他图层，选择“颜色通道”图层。点击【魔棒工具】，将【容差】设置为 30，按“Shift”加选，选取地面。

创建选区后，显示并选择“进深端展架”图层，按“Ctrl+J”复制选区中的图像到新的图层，将其命名为“地面”。点击菜单栏【图像】-【调整】-【亮度 / 对比度】，在弹出的【亮度 / 对比度】对话框中设置合适的参数，如图 4-98 所示。

④ 接下来解决柜台颜色偏黄且饱和度略高的问题。

隐藏其他图层，选择“颜色通道”图层。点击【魔棒工具】，将【容差】设置为 10，按“Shift”加选，选取柜台，如图 4-99 所示。

创建选区后，显示并选择“进深端展架”图层，按“Ctrl+J”复制选区中的图像到新的图层，将其命名为“柜台”。按“Ctrl+U”，在弹出的【色相 / 饱和度】对话框中设置合适的参数，如图 4-100 所示。调整柜台前后效果对比如图 4-101 所示。

⑤ 主题墙前面的人台有灯光效果，但没有投影，因此要解决其缺乏立体感的问题。

隐藏其他图层，选择“颜色通道”图层。点击【魔棒工具】，将【容差】设置为 5，按“Shift”加选，选取人台，如图 4-102 所示。

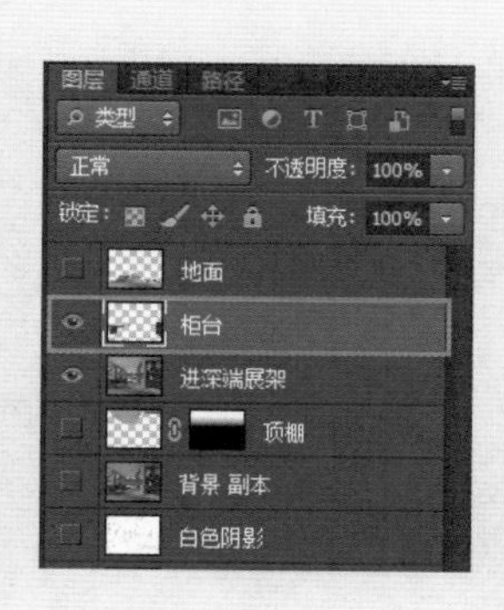

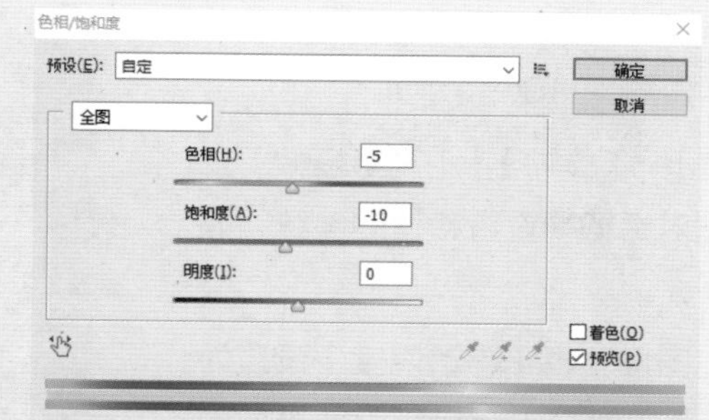

图 4-100 调整柜台色相和饱和度

图 4-101 调整柜台前后效果对比

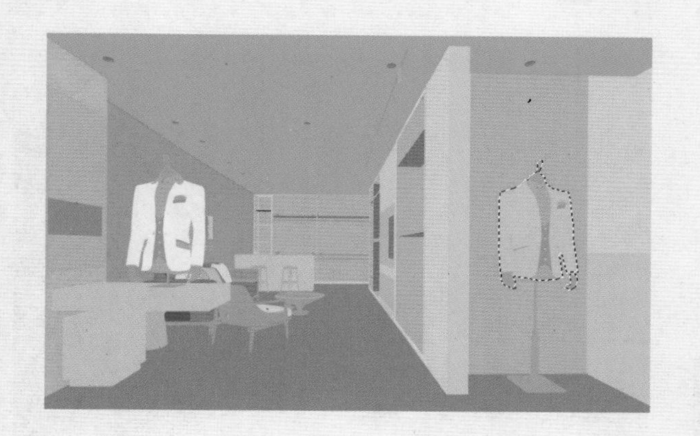

图 4-102 创建人台选区

创建选区后，显示并选择“进深端展架”图层，按“Ctrl+J”复制选区中的图像到新的图层，将其命名为“人台投影”，如图 4-103 所示。

选择“人台投影”图层，按“Ctrl+T”，弹出自由变换框，如图 4-104 所示。向下拖动变换框上方中间的方框，调整至图 4-105 的效果。

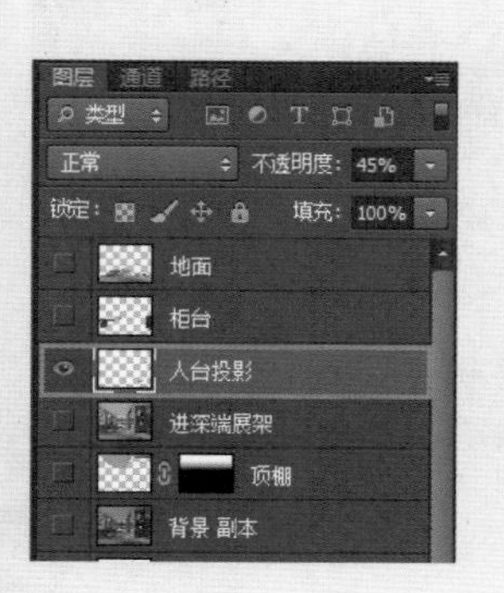

图 4-103 创建“人台投影”图层

图 4-104 自由变换框

图 4-105 调整自由变换框后效果

使用【魔棒工具】选取空白处，按“Ctrl+Shift+I”选择反向，填充黑色，如图 4-106 所示。

点击菜单栏【滤镜】-【模糊】-【高斯模糊】，在弹出的【高斯模糊】对话框中设置合适的参数，如图 4-107 所示。

选择“人台投影”图层，将【不透明度】设置为 46%，如图 4-108 所示。调整人台投影后效果如图 4-109 所示。

图 4-106 将人台投影填充为黑色

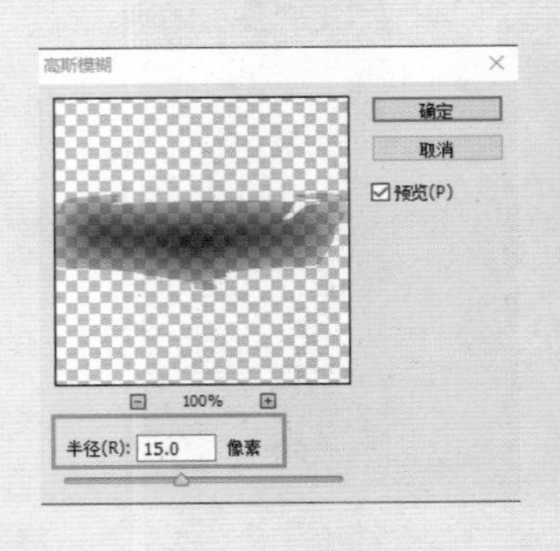

图 4-107 人台投影高斯模糊参数

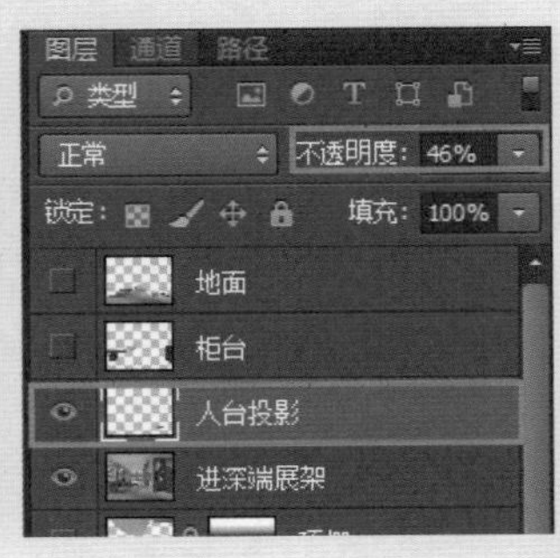

图 4-108 调整人台投影不透明度

图 4-109 调整人台投影后效果

（3）添加特殊光效。

① 点击菜单栏【文件】-【打开】，打开“光晕.psd”，如图 4-110 所示。

使用【移动工具】将“光晕.psd”拖到效果图中，并依次复制到每个筒灯处，调整光晕的大小，注意“近大远小”的透视关系。效果如图 4-111 所示。

② 添加特殊光效还可以使用光效画笔。点击【画笔工具】，单击工具属性栏的 按钮，再单击 按钮，选择【载入画笔】，如图 4-112 和图 4-113 所示。

图 4-110 光晕效果

图 4-111 为筒灯添加光晕效果

图 4-112 选择【载入画笔】

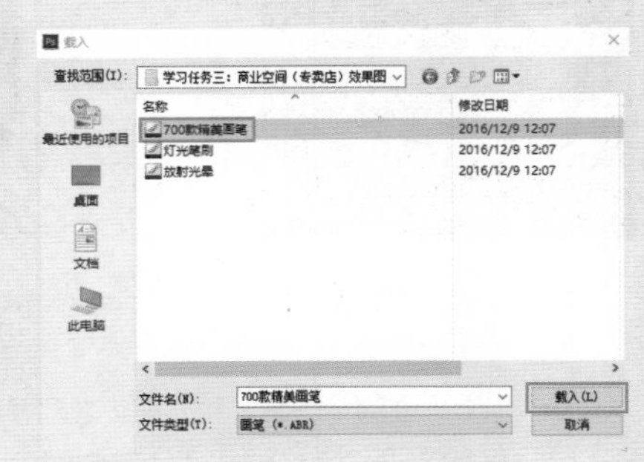

图 4-113 选择要载入的画笔

载入画笔后，可以看到画笔的缩略图，选择合适的筒灯光效笔触并设置合适的大小，如图 4-114 所示。在需要添加光效的位置绘制，注意“近大远小”的透视关系，随时调整笔触大小。效果如图 4-115 所示。

③ 将所有光效图层放到“筒灯光效”图层组中并置为顶层，按“Ctrl+Alt+Shift+E”盖印图层，并命名为“筒灯光效”，如图 4-116 所示。

复制“筒灯光效”图层生成新图层，将其命名为“射灯光效”，如图 4-117 所示。选择合适的射灯光效笔触，将其大小设置为 329 像素，如图 4-118 所示。给背景墙上方添加射灯光效，再将“射灯光效”图层【不透明度】设置为 36%，如图 4-119 所示。效果如图 4-120 所示。

（4）添加配景。

① 点击菜单栏【文件】-【打开】，打开“绿植 .psd”，如图 4-121 所示。

② 使用【移动工具】将“绿植 .psd”拖到效果图中，如图 4-122 所示。可以看到绿植边缘生硬，应进行柔化。

图 4-114 选择筒灯光效笔触

图 4-115 添加筒灯光效后效果

图 4-116 编辑图层组、盖印图层

图 4-117 创建“射灯光效”图层

图 4-118 从缩略图中选择射灯笔触

图 4-119 调整射灯光效不透明度

图 4-120 添加射灯光效后效果

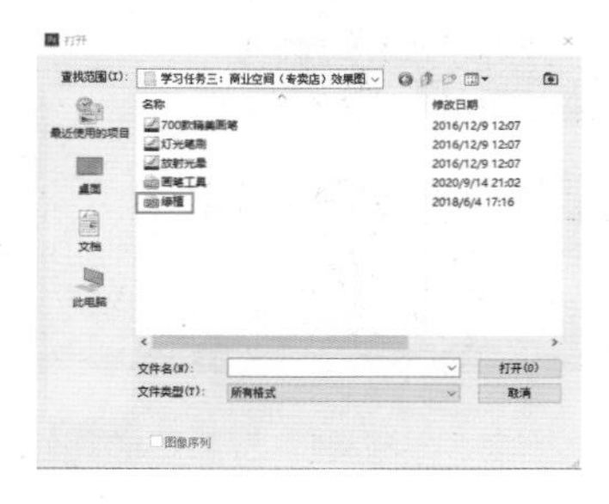

图 4-121 打开“绿植 .psd”

图 4-122 将“绿植 .psd”拖到效果图中

③ 修改图层名称为“绿植”。按住“Ctrl”的同时单击“绿植”图层缩览图，将绿植载入选区，如图 4-123 所示。

④ 点击菜单栏【选择】-【修改】-【边界】，在弹出的【边界选区】对话框中设置【宽度】为 4 像素，单击【确定】，如图 4-124 所示。

图 4-123 将绿植载入选区

图 4-124 设置边界后效果

图 4-125 绿植高斯模糊参数

图 4-126 设置边界模糊后效果

⑤ 创建边界选区后，点击菜单栏【滤镜】-【模糊】-【高斯模糊】，在弹出的【高斯模糊】对话框中设置【半径】为 1.5 像素，单击【确定】，如图 4-125 所示。

⑥ 按“Ctrl+D”取消选区，效果如图 4-126 所示。

⑦ 按“Ctrl+T”调整绿植的大小，如图 4-127 所示。

⑧按“Ctrl+J”复制“绿植”图层，生成“绿植 副本”图层，将其置于“绿植”图层下方，如图 4-128 所示。选中“绿植 副本” 图层，按“Ctrl+T”将其垂直翻转并调整，如图 4-129 所示。

图 4-127 调整绿植的大小

图 4-128 建立“绿植 副本”图层

图 4-129 翻转“绿植 副本”图层的图像

⑨ 使用【移动工具】将“绿植 副本”图层的图像移至合适的位置，按住“Ctrl”的同时单击“绿植 副本”图层缩览图，将其载入选区并填充黑色；点击菜单栏【滤镜】-【模糊】-【高斯模糊】，在弹出的【高斯模糊】对话框中设置【半径】为 4.8 像素，单击【确定】，如图 4-130 所示。

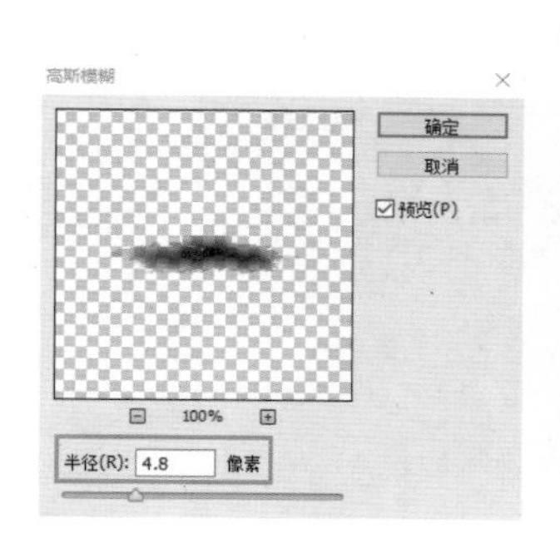

图 4-130 高斯模糊参数及效果

图 4-131 绿植整体效果

⑩ 将“绿植 副本”图层【不透明度】设置为 67%。复制“绿植 副本”图层，生成“绿植 副本 2”图层，将其【不透明度】改为 46%，按“Ctrl+T”调整其大小和位置，效果如图 4-131 所示。

（5）最终调整。

将“白色阴影”图层置为顶层，将其图层混合模式设置为【正片叠底】，【填充】设置为 70%，如图 4-132 所示。

（6）保存文件。

点击菜单栏【文件】-【存储为】，将文件命名为“商业空间（专卖店）最终效果图 .psd”并保存。

图 4-132 最终调整

三、学习任务小结

通过本次课的学习，同学们系统、完整地掌握了商业空间（专卖店）效果图后期处理的方法、步骤和技巧。课后，同学们要反复练习，提高效果图后期处理水平。

四、课后作业

（1）收集 10 套商业空间（专卖店）效果图。

（2）对 1 张商业空间（专卖店）效果图进行后期处理。

商业空间（酒店）效果图后期处理训练

教学目标

（1）专业能力：能够使用 Photoshop 处理商业空间（酒店）效果图中存在的问题。

（2）社会能力：具备商业空间（酒店）效果图分析能力，能够运用 Photoshop 处理商业空间（酒店）效果图。

（3）方法能力：信息和资料收集能力，效果图美学元素的分析、提炼及应用能力。

学习目标

（1）知识目标：掌握运用 Photoshop 中常用工具及命令对商业空间（酒店）效果图进行后期处理的方法。

（2）技能目标：掌握商业空间（酒店）效果图中色彩的调整方法，以及物体的细化方法。

（3）素质目标：具备资料收集和整理能力。

教学建议

1. 教师活动

教师示范商业空间（酒店）效果图的后期处理方法，并指导学生实训。

2. 学生活动

观看教师示范，进行课堂实训。

扫描二维码，看商业空间（酒店）效果图后期处理详细步骤

一、学习问题导入

本次课以酒店客房为例，讲解商业空间（酒店）效果图后期处理的方法和步骤。同学们先比较图 4-133 中两张效果图的差异。

图 4-133 商业空间（酒店）效果图后期处理前后对比

二、学习任务讲解

1. 商业空间（酒店）效果图后期处理前的准备工作

（1）准备选择集（通道集），方便选取物体。

（2）准备素材，包括材质贴图和软装等，以丰富画面的整体效果，增强生机和真实感。

（3）分析效果图构图是否合理。

（4）分析空间和物体的体量感、亮度、对比度、色彩搭配和光影是否合理。

2. 商业空间（酒店）效果图后期处理具体步骤

（1）打开文件。点击菜单栏【文件】-【打开】，打开“酒店客房通道图 .tga”和“酒店客房 .tga”，如图 4-134 所示。

（2）处理图层。点击【移动工具】，按住“Shift”的同时将“酒店客房通道图 .tga”拖到“酒店客房 .tga”中，使两张图片对齐，并将两个图层分别命名为“酒店客房通道图”和“酒店客房”，隐藏“酒店客房通道图”图层，如图 4-135 所示。

图 4-134 打开文件

图 4-135 处理图层

（3）调整构图。点击【裁剪工具】，选择【三等分】视图，使画面主体落在网格范围，如图 4-136 所示。

（4）调整整体亮度。选中“酒店客房”图层，按两次“Ctrl+J”生成两个新图层，将“酒店客房 副本 2”图层混合模式设置为【滤色】，【不透明度】设置为 38%，再与“酒店客房 副本”图层合并，如图 4-137 所示。

图 4-136 调整构图

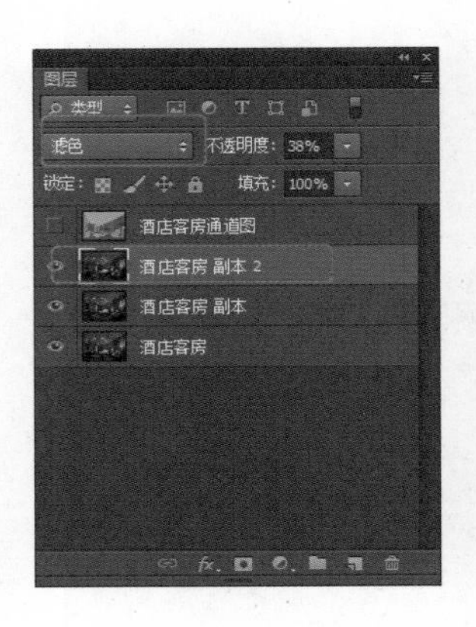

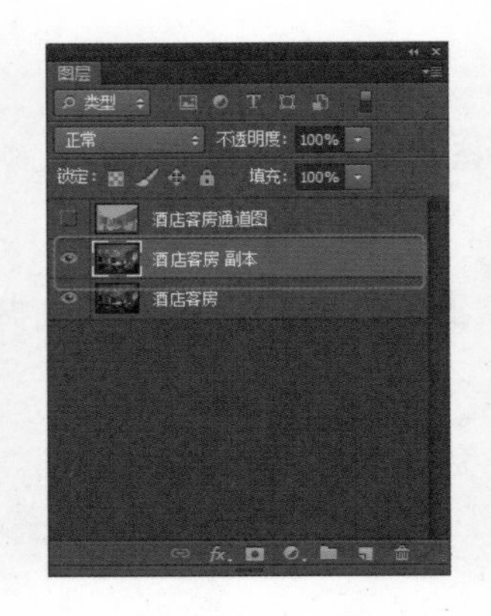

图 4-137 调整整体亮度

（5）调整整体对比度。天花材质主要是白色乳胶漆，应将天花颜色调浅；地板材质为深色木地板，应将地板颜色加深。

① 用【魔棒工具】结合其他选区工具选取“酒店客房通道图”图层中的天花色块，观察选区在“酒店客房”图层中的范围，如图 4-138 所示。

图 4-138 选取天花

选择“酒店客房 副本”图层，按“Ctrl+J”复制选区，生成新图层，将其命名为“天花调整”，如图4-139所示。

观察天花效果，其亮度偏暗。选择“天花调整”图层，点击菜单栏【图像】-【调整】-【亮度/对比度】，根据天花效果调节参数，如图4-140所示。

观察天花效果，材质固有色偏黑。按“Ctrl+L”调整色阶，将【输出色阶】左滑块设置为45，如图4-141所示。

② 用同样的方法调整地面。建立“地板调整”图层，调整地板亮度、对比度，如图4-142所示。建立“地毯调整”图层，调整地毯亮度、对比度，如图4-143所示。调整后效果如图4-144所示。

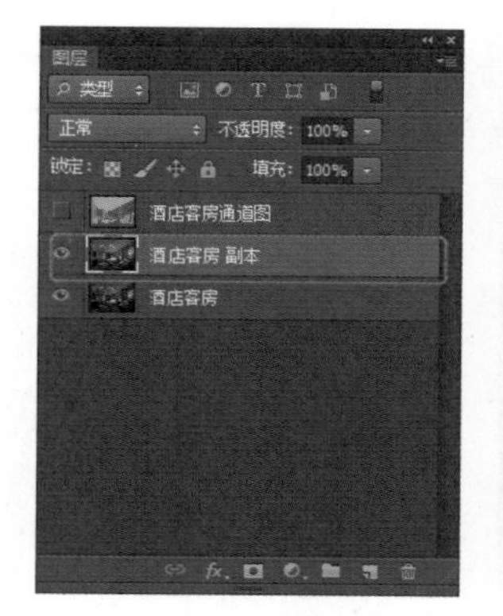
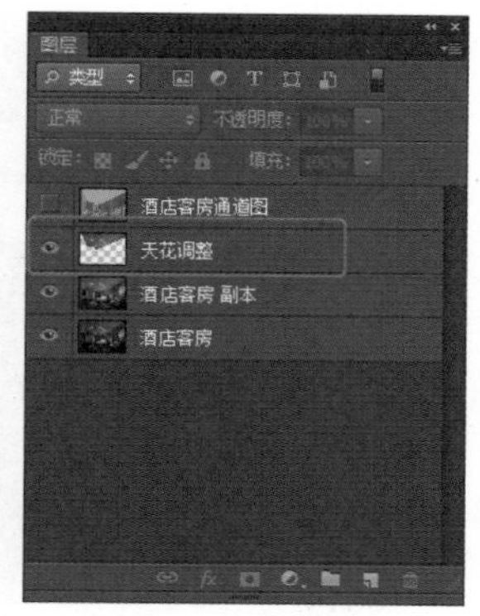

图4-139 建立“天花调整”图层

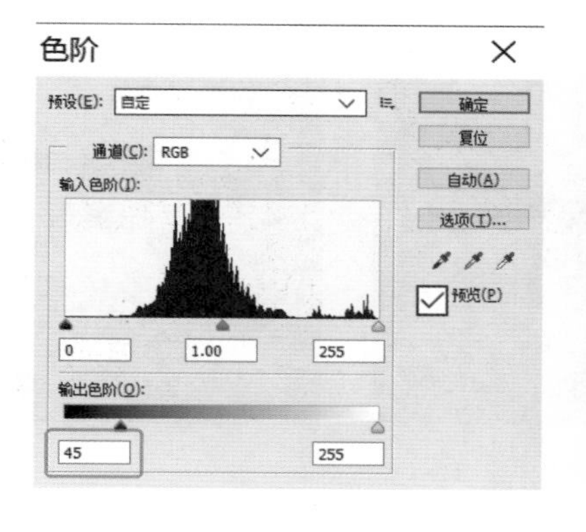

图4-140 调整天花亮度、对比度

图4-141 调整天花色阶

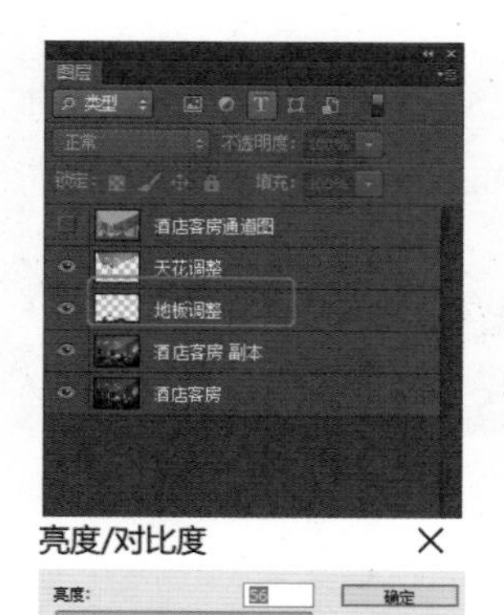

图4-142 调整地板亮度、对比度

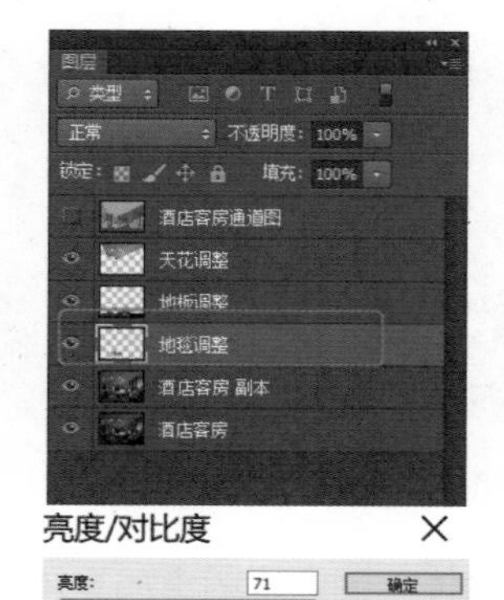

图4-143 调整地毯亮度、对比度

图4-144 调整地面后效果

③ 用同样的方法调整墙面及踢脚线。建立“墙面调整”图层，调整墙面亮度、对比度，如图 4-145 所示。建立“踢脚线调整”图层，调整踢脚线亮度、对比度，如图 4-146 所示，使墙面和地面分界线更明显。调整后效果如图 4-147 所示。

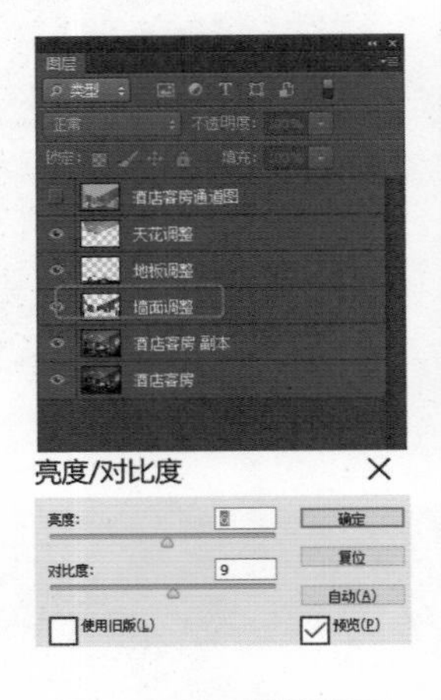

图 4-145 调整墙面亮度、对比度

图 4-146 调整踢脚线亮度、对比度

图 4-147 调整墙面及踢脚线后效果

（6）修补瑕疵。检查效果图中的材质贴图是否完整，可以看出，天花、踢脚线和床头柜等有瑕疵，需要修补，如图 4-148 所示。

以踢脚线瑕疵为例，选择“踢脚线调整”图层，用【矩形选框工具】选择完好的踢脚线，按“Ctrl+J”复制选区，生成新图层，将其移至瑕疵处覆盖瑕疵，并与“踢脚线调整”图层合并，如图 4-149 所示。

用同样的方法修补天花、床头柜的瑕疵。

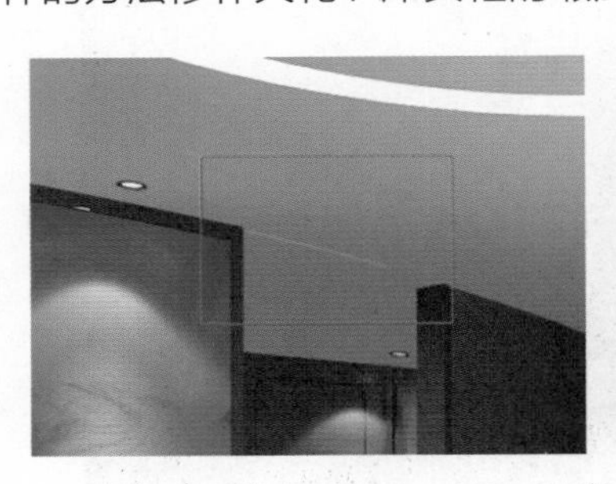

图 4-148 天花、踢脚线和床头柜的瑕疵

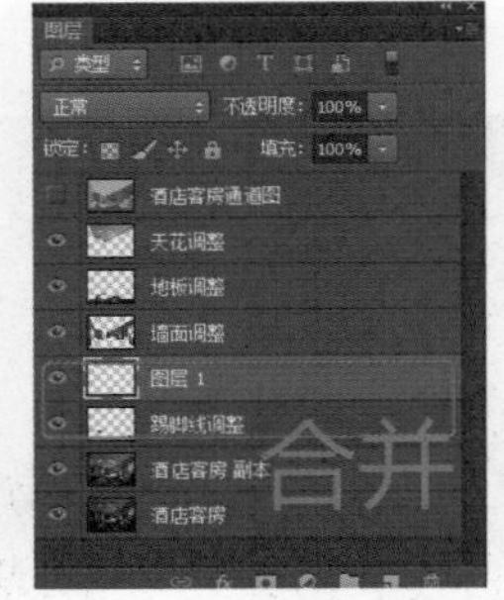

图 4-149 修补踢脚线瑕疵

（7）细化物体。结合三大面五大调的素描知识细化物体，使效果图更加立体，空间感更强。

以床铺为例，首先调整床铺的亮度、对比度，让受光面和背光面明暗对比更强烈；然后通过改变图层不透明度调整明暗对比程度，如图 4-150 所示；最后用【加深工具】加深床和被褥投影，效果如图 4-151 所示。

灵活结合【加深工具】、【减淡工具】和【橡皮擦工具】，用同样的方法细化其他物体。细化物体后效果如图 4-152 所示。

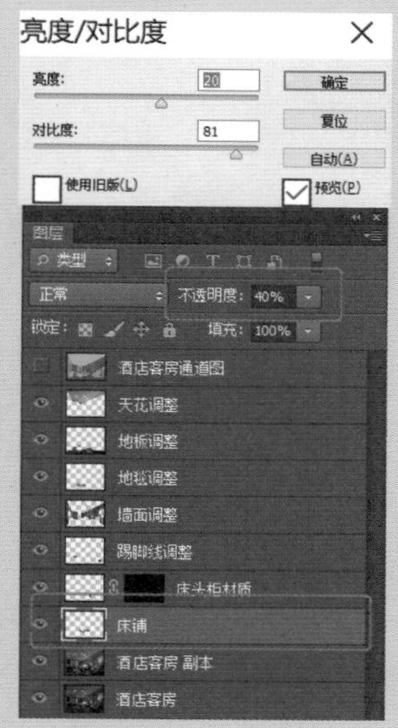

图 4-150 加强床铺的明暗对比

图 4-151 细化床铺后效果

图 4-152 细化物体后效果

（8）添加点缀。置入智能对象“装饰品”并栅格化，调整其大小和位置，勾选【图层样式】对话框中的【投影】并调整参数，如图 4-153 所示。添加点缀后效果如图 4-154 所示。

（9）调整整体色调。点击【照片滤镜】，选择【冷却滤镜】，调整参数，让整体色调更统一，如图 4-155 所示。

最终效果如图 4-156 所示。

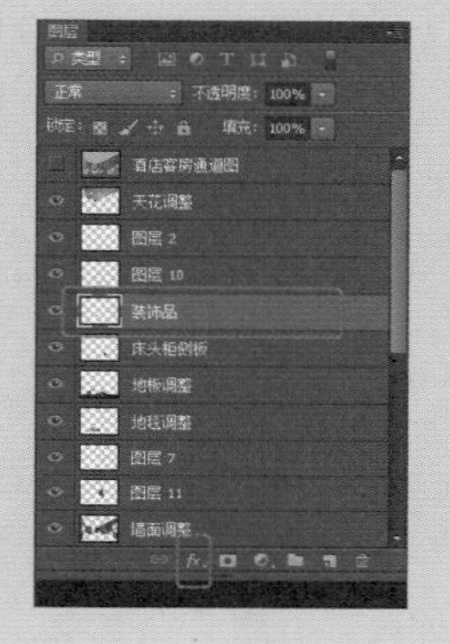

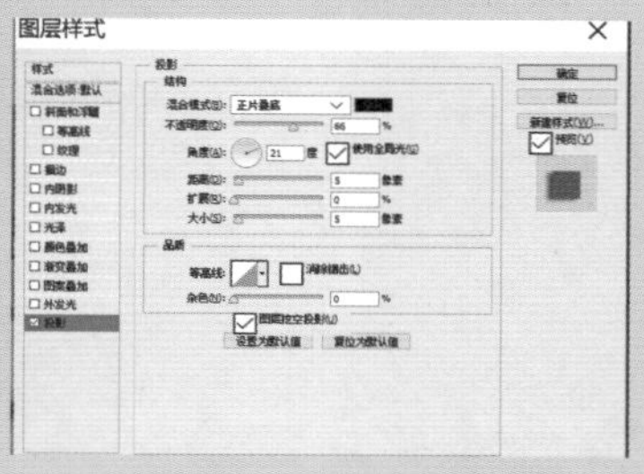

图 4-153 给装饰品添加投影

图 4-154 添加点缀后效果

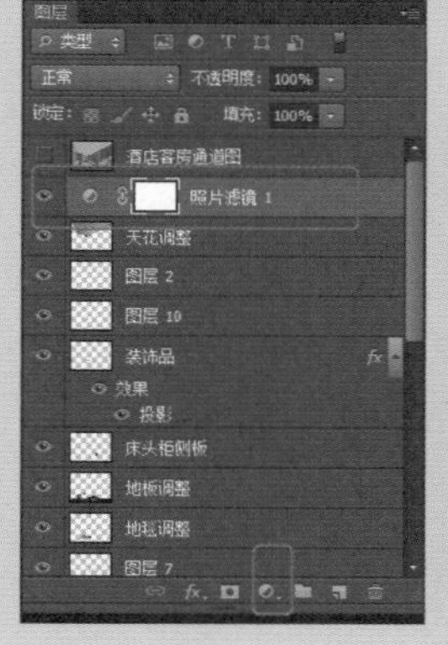

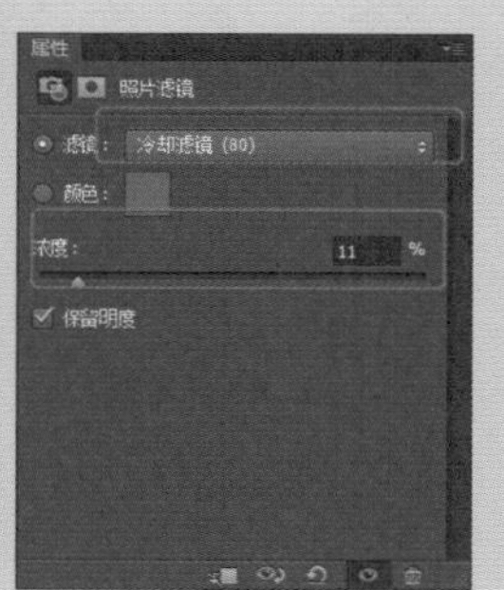

图 4-155 调整整体色调

图 4-156 最终效果

三、学习任务小结

通过本次课的学习，同学们已经初步掌握了商业空间（酒店）效果图后期处理的方法和步骤。课后，同学们要反复练习，提高效果图后期处理水平。

四、课后作业

（1）收集 10 套商业空间（酒店）效果图。

（2）对 1 张商业空间（酒店）效果图进行后期处理。

项目五
设计方案后期排版训练

学习任务一　方案图册制作训练
学习任务二　楼盘商业海报设计训练

方案图册制作训练

教学目标

（1）专业能力：了解室内设计方案图册的构成要素，能制作不同风格的室内设计方案图册。

（2）社会能力：关注并收集室内设计方案图册，能够运用所学的 Photoshop 知识制作精美的方案图册并表述其要点。

（3）方法能力：信息和资料收集能力，设计案例分析、提炼及应用能力。

学习目标

（1）知识目标：掌握室内设计方案图册的制作要领、美化方法。

（2）技能目标：能根据室内设计方案制作不同风格且富有美感的方案图册。

（3）素质目标：能够大胆、清晰地表述自己的设计意图，提高个人品位和美学素养，培养团队合作精神和综合职业能力。

教学建议

1. 教师活动

（1）讲解前期收集的室内设计方案图册，提高学生对方案图册的直观认识。同时，运用多媒体课件、教学视频等多种教学手段，讲授方案图册的要点，指导学生运用 Photoshop 制作室内设计方案图册。

（2）将思政教育融入课堂教学，引导学生发现“美”，并把“美”应用到方案图册中。

（3）通过对优秀室内设计方案图册的展示，让学生感受如何根据室内设计方案制作出不同风格且富有美感的方案图册。

2. 学生活动

（1）分组并选出组内优秀的室内设计方案图册作业进行展示和讲解，锻炼语言表达能力和沟通协调能力。

（2）自主学习，自我管理，学以致用。

一、学习问题导入

通过前面的学习，同学们已经掌握了 Photoshop 的基本操作方法和应用技巧。本次课我们来学习如何制作精美的室内设计方案图册。以下两张方案图册封面主色调均为绿色，图 5-1 是东南亚风格家装概念设计的方案图册封面，采用了在色块均分对称的规律中做不均分、不对称设计的排版方式；图 5-2 是新中式风格家装设计的方案图册封面，体现了传统与现代结合碰撞的设计感，采用了对称的排版方式。

图 5-1 东南亚风格家装概念设计方案图册封面

图 5-2 新中式风格家装设计方案图册封面

二、学习任务讲解

1. 方案图册制作的前期准备工作

（1）明确方案图册尺寸。

方案图册的常规尺寸有：

① A4（210 mm × 297 mm）；

② A3（297 mm × 420 mm）；

③ A2（420 mm × 594 mm）。

A4 竖版和 A3 横版方案图册分别如图 5-3 和图 5-4 所示。方案图册成品如图 5-5 所示。

图 5-3 A4 竖版方案图册（封面封底展开页）

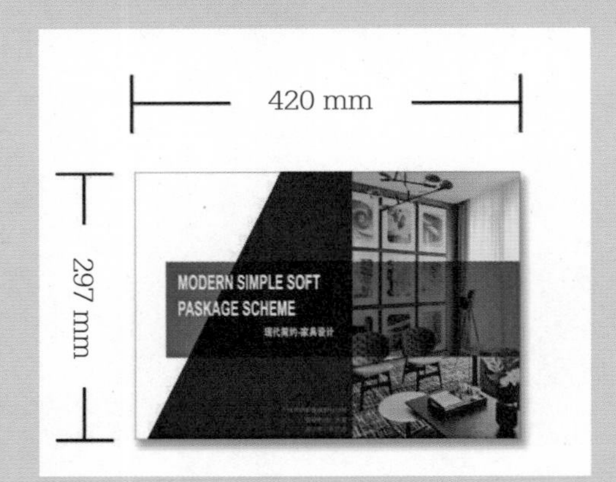

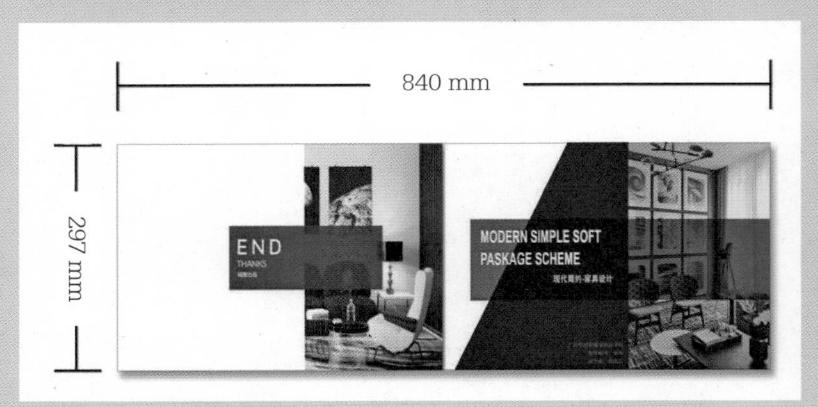

图 5-4 A3 横版方案图册（封面及封面封底展开页）

（2）明确方案图册的主要元素。

为了更好地表达设计思路，方案图册的封面要有主标题（设计主题）、副标题（项目内容）、设计公司名称、设计师姓名等，如图 5-6 所示。内页要有页眉、页脚的设计，如项目名称、公司名称、页面指引、页码或 logo 等；也可以加入目录页、前言页、设计说明页等。其中前言页可以设计一个明确、立意新颖、有亮点的主题，讲述灵感来源；设计说明页可以写设计风格、项目分析、项目定位、色彩分析等内容，如图 5-7 和图 5-8 所示。封底可以写上设计师姓名、联系方式和结束语（如“请君雅正”“XXX 诚意出品”等），如图 5-9 所示。

图 5-5 方案图册成品

图 5-6 方案图册封面

图 5-7 方案图册内页（前言页）

图 5-8 方案图册内页（设计说明页）

图 5-9 方案图册封底

（3）明确方案图册的设计风格。

在明确项目内容与定位后，可以确定方案图册整体设计风格。下面以三室两厅新中式风格家居改造方案图册为例。新中式风格是一种以中华传统古典文化和艺术作为背景，结合现代简约设计理念的极致清雅、浪漫、有人文底蕴的室内设计风格。其中常见的红木家具、青花瓷、紫砂茶壶以及中国民间工艺品、艺术品等，都体现了浓郁的中华文化之美。方案图册背景色可以选择庄重、大方、雅致、纯度偏低的色彩，搭配深棕、深褐和浅灰色，体现古朴、自然的设计风格，再以少量鲜艳、明亮的色彩点缀，使传统中式风格中透出现代时尚之美。

在展示效果图的页面中，尽量加入色彩提取、分析图示，如图 5-10 所示。室内设计的色彩包括主色调和辅色调，两者相辅相成。其中占比较多的颜色可以作为主色调，如天花、墙面和地板的颜色；主色调对整体室内色彩起主导作用。而辅色调是衬托主色调的颜色，如家具、大件装饰品、窗帘等的颜色，辅色调较鲜艳、亮丽，起丰富室内色彩、突出视觉焦点、营造生动的空间氛围的作用。

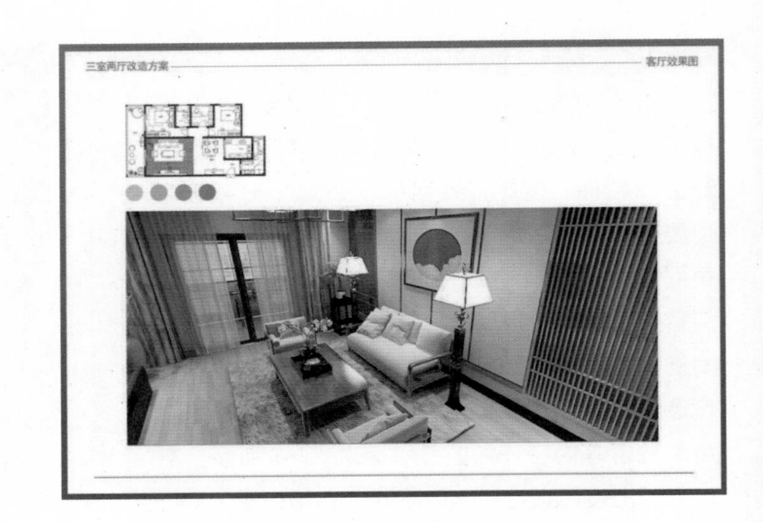

图 5-10 新中式风格家居改造方案图册内页

图 5-11 方案图册封面文字排版一

（4）明确文字的主次。

编排封面文字时，首先要强化主题（主标题），突出主题的中心地位，通过加大或加粗字号、加深或提纯颜色来提高其视觉识别度；其次要进行合理有序的文字排版，让文字层次分明、主次有序。除主标题外，其他文字要适当弱化，字号要比主标题小，颜色要淡雅一些，如图 5-11 和图 5-12 所示。

内页文字的排版方式取决于字符大小、段落宽度、行距、段距。字距要小于行距，行距要小于段距，段落与段落要首尾对齐，如图 5-13 和图 5-14 所示。

图 5-12 方案图册封面文字排版二

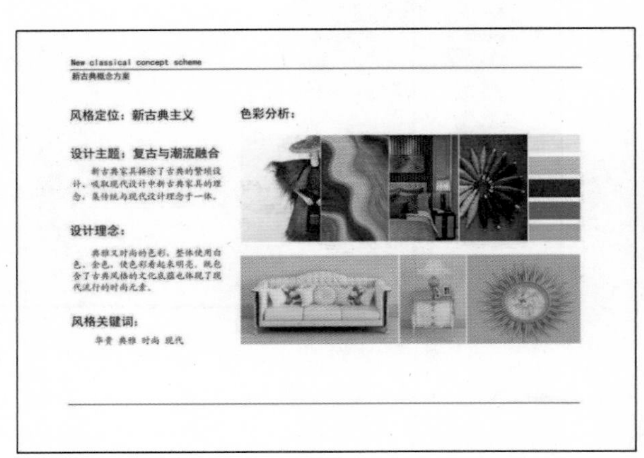

图 5-13 方案图册内页文字排版一

图 5-14 方案图册内页文字排版二

（5）收集软装意向信息。

排版立面图时，要考虑该区域的软装意向，加入与设计风格配套的软装意向图，以丰富画面内容，以及给客户提供软装意向的思路，如图 5-15 和图 5-16 所示。

2. 方案图册的排版方式

方案图册常用排版方式有居中、等级和韵律三种。

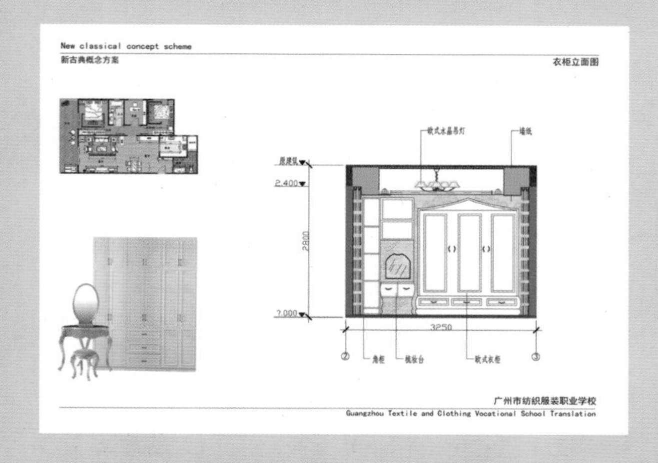

图 5-15 方案图册内页立面图排版一

图 5-16 方案图册内页立面图排版二

（1）居中排版。

居中排版是指将文字或图片置于版面中间的排版方式。它以版面的中轴线为基准，文字或图片沿中轴线对称排版，版面构图均衡、庄重，适用于中式风格、欧式古典风格室内设计方案图册的排版，如图 5-17 和图 5-18 所示。

图 5-17 文字居中排版

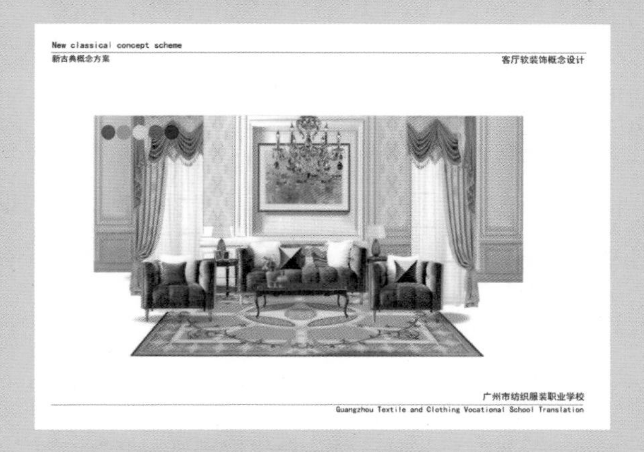

图 5-18 图片居中排版

（2）等级排版。

等级排版是指将文字和图片进行大小组合，形成版面等级变化的排版方式。其中的文字和图片在尺寸、形状、位置、虚实上的差异，使版面主次有序、层次分明，适用于新中式风格、新古典风格室内设计方案图册的排版，如图 5-19 和图 5-20 所示。

图 5-19 等级排版示意

图 5-20 等级排版

（3）韵律排版。

韵律排版是指形式要素或主题图形重复或交替出现，呈现叠加和递进效果的排版方式。它可以让版面产生错落有致的节奏美感，适用于现代简约风格室内设计方案图册的排版，如图 5-21 和图 5-22 所示。

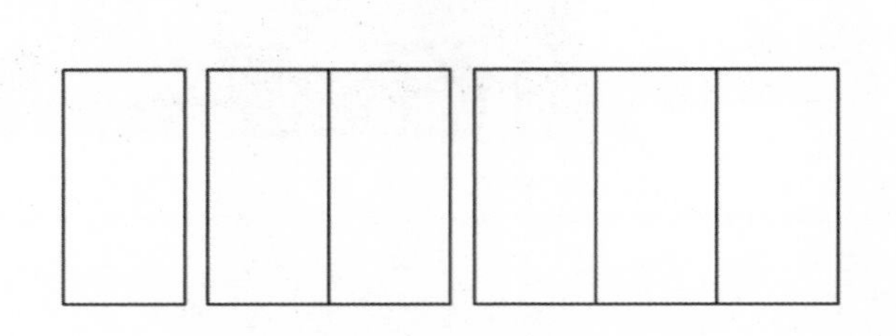

图 5-21 韵律排版示意

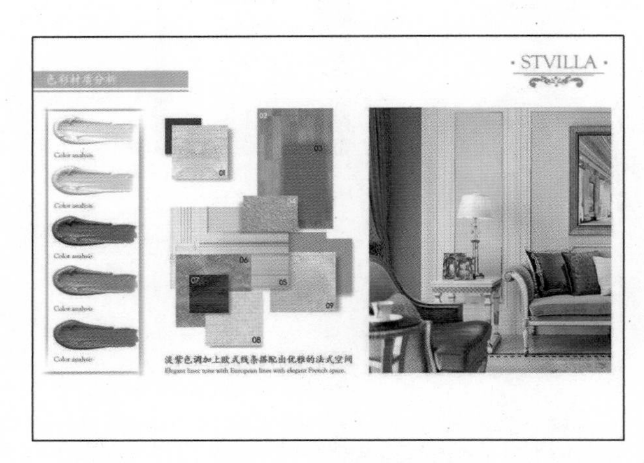

图 5-22 韵律排版

三、学习任务小结

通过本次课的学习，同学们了解了制作室内设计方案图册的方法。课后，同学们要多加练习，拓宽视野，提高美学素养；同时，进行室内设计方案图册排版实践，提高设计创意能力。

四、课后作业

自建三人小组，选一套经过后期处理的室内设计方案，合作完成一本室内设计方案图册。

方案图册要求如下：

① A4 尺寸，横向排版，打印成册；

② 配合室内设计风格，突出设计主题，排版美观、大方。

楼盘商业海报设计训练

教学目标

（1）专业能力：理解和掌握楼盘商业海报的基本概念和表现方法；能根据要求设计出体现楼盘风格的商业海报。

（2）社会能力：收集优秀的楼盘商业海报，掌握其设计要点；能够熟练运用 Photoshop 进行楼盘商业海报设计。

（3）方法能力：对设计创意趣味与美感的把握能力；信息和资料收集、提炼及应用能力。

学习目标

（1）知识目标：理解和掌握楼盘商业海报的基本概念和表现方法。

（2）技能目标：能根据要求设计出符合房地产开发商形象，体现楼盘品牌价值的商业海报。

（3）素质目标：具备 Photoshop 应用能力和团队合作精神。

教学建议

1. 教师活动

（1）通过分析各类楼盘商业海报，让学生了解楼盘商业海报的设计要点；同时，指导学生运用 Photoshop 进行楼盘商业海报设计实训。

（2）通过对优秀的楼盘商业海报的展示，启发学生的设计创意和想象力。

2. 学生活动

（1）进行楼盘商业海报设计实训，提高 Photoshop 应用能力。

（2）自主学习，自我管理，学以致用。

一、学习问题导入

广告策划是房地产市场营销的重要手段，楼盘商业海报是房地产行业广告策划的重要组成部分，其主要作用是树立开发商和楼盘的品牌形象、传达楼盘的相关信息、给受众留下深刻印象、吸引其前来购房。楼盘商业海报通常都有一个以倡导全新生活方式和居住理念为目的的主题。如图 5-23 和图 5-24 所示，该楼盘商业海报的主题是“亲自然、奉无善”，所传达的是一种在繁忙紧张的工作之余，到郊外居所享受山水田园生活的新居住理念。

图 5-23　传统中式风格的楼盘海报一

图 5-24　传统中式风格的楼盘海报二

二、学习任务讲解

1. 楼盘商业海报分析与优化

（1）楼盘商业海报分析。

这张楼盘商业海报给人的第一印象是“乱”，为了丰富画面，不断做加法，只考虑充分利用版面，导致元素越来越多，画面杂乱无章，如图 5-25 所示。

（2）楼盘商业海报优化步骤。

① 简化元素。适当地做减法，删除多余的元素。例如删除祥云、空中飞翔的仙鹤等，让画面更加简洁，如图 5-26 和图 5-27 所示。

图 5-25 需要优化的楼盘商业海报

图 5-26 删除多余元素

图 5-27 简化后效果

图 5-28 调整色调后效果

② 调整色调。通过广告语“远看山有色，近看鸟不惊”分析，此海报要体现的是一种舒适、飘逸、悠远的意境。原海报使用红底金字，显得太过喜庆，因此把底色改为淡雅的浅蓝色，使海报风格与主题更加契合，如图 5-28 所示。

③ 统一元素表现形式。原海报中除了仙鹤之外其他元素都是实景图片。为了风格的统一，要把仙鹤元素换成实拍的图片，如图 5-29 所示。

图 5-29 将仙鹤元素换成实拍图片

④ 优化文字。原海报的主标题颜色为金色，与调整色调后的海报背景不够契合，可以将其改为沉稳、大气的蓝黑色，并将主标题文字换成古朴、厚重的书法繁体字，如图 5-30 所示。

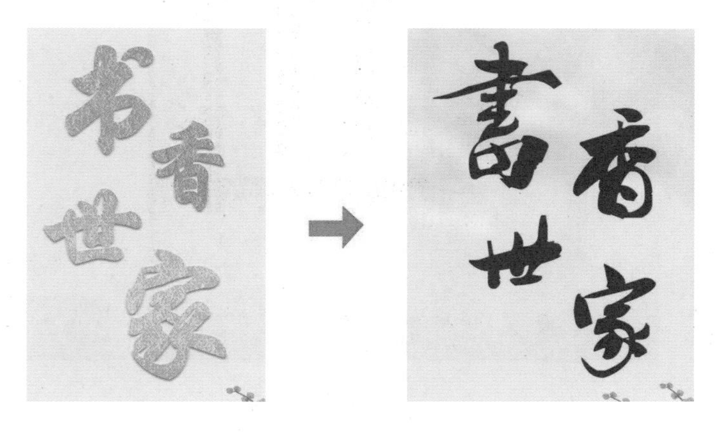

图 5-30 优化文字

⑤ 优化副标题和信息文字。原海报的副标题字体较呆板，可以改成有粗细变化的字体，让副标题更有辨识度，如图 5-31 所示。信息文字可重新排版，如图 5-32 所示。

优化后的楼盘商业海报如图 5-33 所示。

2. 楼盘商业海报设计案例

（1）案例一。

如果想让楼盘商业海报更有文化韵味，可以重新选择素材，用简单的元素完成设计。再将主标题字体换成辨识度更高的字体，颜色改为与主色调相呼应的蓝黑色。然后在保留细节和设计感的基础上，将副标题放到左上角，与图形元素对角排列。最后，把地理优势和公司名称放在左下角空白处，与主标题水平居中对齐；把联系方式等放在底部，并用色块进行区分和强调，如图 5-34 所示。

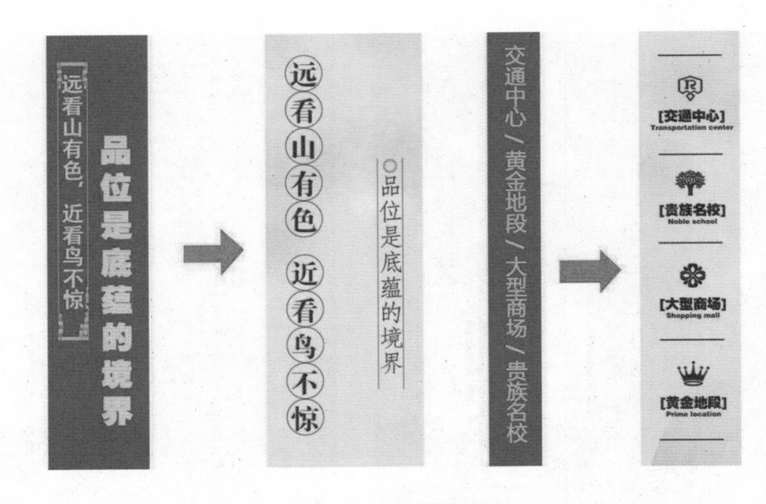

图 5-31 优化副标题

图 5-32 优化信息文字

图 5-33 优化后的楼盘商业海报

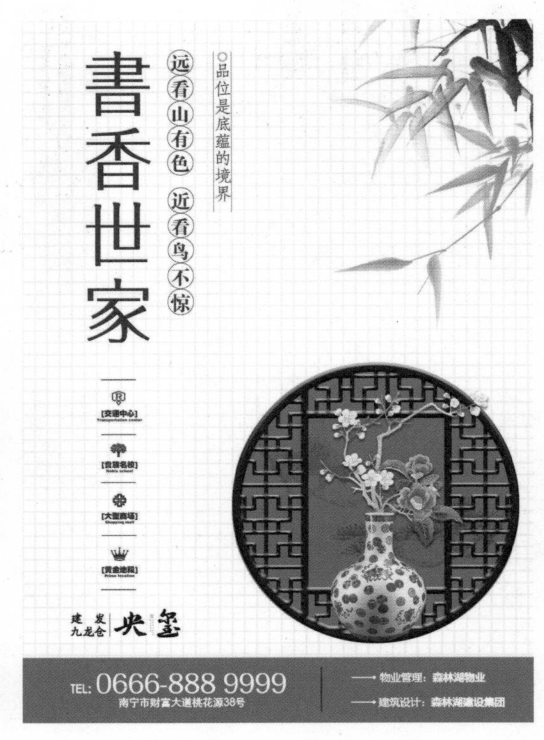

图 5-34 楼盘商业海报设计案例一

（2）案例二。

如果觉得前两个方案风格不够雅致，可以尝试使用另外一种风格来进行设计。以水墨画、木雕饰品和砚台元素来体现文化韵味。设计时要注意体现画面的节奏感和韵律感，如背景可加入斜线装饰，水墨画的线条要设计流畅等。配色时选用深灰色和浅灰色来搭配金色，显得既典雅又有意境，如图 5-35 所示。

图 5-35 楼盘商业海报设计案例二

三、学习任务小结

通过本次课的学习，同学们初步了解了楼盘商业海报设计技巧。在楼盘商业海报设计中，版面利用率越高，视觉张力就越强，版面也更活泼、饱满；反之则给人典雅与宁静的感觉，版面也更有格调。课后，同学们要多加练习，拓宽视野，提高设计能力和美学素养。

四、课后作业

为某开发商的某楼盘设计一张自然风格的楼盘商业海报。

楼盘商业海报要求如下：

① 尺寸为 850 mm × 1168 mm，竖向排版；

② 体现开放式园林设计和“5.2 万平方米的叠水园林与湿地公园无缝对接，独享大园林景观”“原生景象，自然天成”的广告语。

参考文献

[1] 买桂英 .Photoshop 室内效果图后期处理技法剖析 [M]. 中文版 . 北京：清华大学出版社 ,2017.

[2] 陈雪杰 .Photoshop 建筑与室内效果图后期制作 [M].2 版 . 北京：人民邮电出版社，2016.

[3] 周智娟 . 新媒体艺术设计与应用：数字媒体设计与制作 [M]. 广州：广东高等教育出版社，2015.

[4] 杨明，原坤，张士前 .Photoshop CC 建筑室内外效果图后期处理案例教程 [M]. 镇江：江苏大学出版社，2019.

[5] 米勒 - 布罗克曼 . 平面设计中的网格系统 [M]. 徐宸熹，张鹏宇，译 . 上海：上海人民美术出版社，2016.

[6] 李立新 .Photoshop CS6 图像处理实用教程 [M]. 中文版 . 北京：清华大学出版社，2013.

[7] 数字艺术教育研究室 .Photoshop CC 基础培训教程 [M]. 中文版 . 北京：人民邮电出版社，2016.